乡村/民宿2

沈墨　孟娇　编

江苏凤凰科学技术出版社 · 南京

图书在版编目（CIP）数据

乡村民宿 . 2 / 沈墨，孟娇编 . -- 南京 ：江苏凤凰
科学技术出版社，2022.2
ISBN 978-7-5713-2554-1

Ⅰ . ①乡… Ⅱ . ①沈… ②孟… Ⅲ . ①农村住宅－建
筑设计 Ⅳ . ① TU241.4

中国版本图书馆 CIP 数据核字（2021）第 242329 号

乡村民宿2

编　　　者	沈　墨　孟　娇	
项 目 策 划	凤凰空间/彭　娜	
责 任 编 辑	赵　研　刘屹立	
特 约 编 辑	杨倩倩	

出 版 发 行	江苏凤凰科学技术出版社
出版社地址	南京市湖南路1号A楼，邮编：210009
出版社网址	http://www.pspress.cn
总 经 销	天津凤凰空间文化传媒有限公司
总经销网址	http://www.ifengspace.cn
印　　　刷	北京博海升彩色印刷有限公司

开　　　本	889mm×1 194mm 1／16
印　　　张	18
插　　　页	4
字　　　数	288 000
版　　　次	2022年2月第1版
印　　　次	2022年2月第1次印刷

标 准 书 号	ISBN 978-7-5713-2554-1
定　　　价	298.00元（精）

图书如有印装质量问题，可随时向销售部调换（电话：022-87893668）。

前言

　　中国的乡村是令人向往的，这里居住着淳朴的村民，拥有着旖旎的自然风光及环境。在全球化的背景下，从城市的开发到乡村的建设，一切都在有序地发展。由于城市生活节奏过快，每当我们被各种压力压得喘不过气时，内心对乡野的渴望之情便熊熊燃烧起来，希望能从自然中找寻到灵感与生命的美好。乡村民宿的兴起顺应了时代发展的特征，作为当下国内流行的休闲体验项目之一，它不仅能给人们带来视觉上的享受，同时也能真正地将游客引领至美丽的乡村风景之中。

　　优质民宿的出现，让人们不用踏出国门便可以享受到精致的度假之感。同时也吸引了一部分国外游客的来访，让他们以更好的方式感受中国的文化与自然。区别于传统的民宿概念——仅仅只是作为满足"居住"条件的场所，如今越来越多的民宿更像是一个空间集合体，在原本的房屋上进行改造甚至平地而起建造一座崭新的建筑，里面包含着咖啡厅、茶室、餐厅、游泳池、休闲区、草坪等空间，能够满足不同住客的使用需求。同时这类民宿也能够更好地适应如今社会上人们的消费观念——拍张照发至公共媒体，算是一次打卡体验。这种新的生活方式促进了彼此的交流，扩大了人们的视野。

从民宿行业的蓬勃发展中，我们也能看到设计在其中所体现出的价值，即找出建筑及环境所存在的问题，并且将其一一破解。而设计师的角色就像是医生，找出问题对症下药，并且提供更多优良的建议。对于建筑外观而言，是否第一眼就能吸引住人们的眼球是至关重要的。每位设计师都有着自己的设计理念与习惯，通过不同的设计手法，结合自然环境、业主或民宿主人的需求以及各种空间的功能性体验等，在保留当地的文化特色的同时加之以新的理念。自然、人与建筑融为一体，共同构筑出一个全新的乡村生态体系。一间民宿成功与否的另一个关键点便在于经营者如何去运转它，如何做好品质与服务，让这个充满人文风情的地方更加具有"人情味"。让游客们感受到"诗和远方"，则需要设计师与业主或民宿主人共同去努力，创造现实中的世外桃源。

　　本书将带领读者踏上不同地域的民宿设计之旅，希望这些案例能带给大家全新的视觉体验，让年轻人更多地关注乡村文化与建设，振兴乡村发展，从城市回归山里，感受大自然与家的温暖。

沈墨
杭州时上建筑空间设计事务所创始人及设计总监

　　从业 15 年，获得过国内外众多设计奖项。曾参加浙江卫视《全能宅急变》、东方卫视《一席之地》空间改造节目。沈墨与团队始终坚持"异质文化的共生、人与技术的共生、内部与外部的共生、人与自然的共生"的核心发展思想，并沿着不断创新的发展路线，以精华战略贯穿于整个创作、策划和营运服务工作之中。

近期作品获奖情况

2021 缪斯设计奖铂金奖
2021 法国巴黎 DNA 设计大奖金奖
2020 法国巴黎 DNA 设计大奖（入围）
2020 英国 FX 国际室内设计大奖（入围）
2020 第 24 届安德鲁·马丁国际室内设计大奖
2020 英国 Dezeen Awards（入围）
2019 意大利 A 设计银奖
2019 美国 IDA 国际设计奖金奖
2020 国际设计传媒奖 年度酒店空间大奖 / 商业空间大奖
2020 瑞丽无界设计大赛创意空间金奖
2020 设计本年度盛典最佳民宿
2020 空间陈设美学奖优秀奖
2020 金腾奖监督设计时尚盛典 TOP100
2020 金邸奖 空间美学新秀设计师大赛银奖 / 铜奖 / 优胜奖
2020 金熊猫天府创意设计奖银奖
2020 金外滩奖最佳酒店设计奖优秀奖
2020 老宅新生设计奖优秀商业空间设计奖
2020 艾特奖住宅建筑设计铜奖
2019 IDS 国际设计先锋榜金奖 / 银奖 / 铜奖
2019 金堂奖年度杰出办公空间设计 / 年度杰出酒店空间设计 / 年度杰出零售空间设计

目录

案例赏析

马儿山村林语山房民宿

远山近林中的诗意栖居之所

项目所在地自然环境及区位建设条件

　　马儿山村离湖南省张家界市主城区约25分钟车程，相较于张家界景区，这儿的山虽不是奇峰却也林木葱茏，加上零星散落于山坡田野间的民居，别有一番野趣。场地上原有两个用来烧烤的木构亭子，被松树、苦莲子树、小竹林、银杏林包围。远望北面可见连续的山景，如卷轴般铺展在视野内。这般环境及氛围，成了林语山房设计过程中最有力的依据。

扫码观看项目视频

项目地点
湖南省张家界市马儿山村
建筑面积
1200 m²
设计公司
尌林建筑设计事务所
主持设计师
陈林
建筑设计团队
刘东英、时伟权、陈松
室内设计团队
刘东英、时伟权、陈伊妮
软装设计团队
陈伊妮、时伟权、赵艺炜
品牌设计
虚谷设计
结构设计
高翔
植物设计
物喜·陆辰
摄影师
赵奕龙、吴昂
视频版权
尌林建筑设计事务所

1 从东侧田野看向民宿

1. 停车场
2. 村道
3. 果园
4. 农田
5. 在修水厂
6. 梯田

项目区位图

场景轴测图

场地策略和场所精神

　　建筑用地由三个宅基地组成，是长条状地块，在东西方向上有将近3m的高差。两个宅基地位于西侧，一个宅基地位于东侧下端，组成了两个建筑的两个主体量，一高一低，一大一小，中间用一部半通透的楼梯廊道连接两边。场地南高北低，利用原有场地的地势挖了一部分地下空间，作为后勤储藏和设备用房。又利用东侧的高差设计了一个开放的灰空间，为客人提供半室外的灵活空间。场地中的水系景观也顺着室外场地台阶逐级流下，形成多个小瀑布水口，流水声一直伴随着客人的行走路径。

2 俯瞰民宿酒店和对面连续的山屏
3 傍晚南侧立面建筑的虚实关系
4 架空的灰空间，远山若隐若现

马儿山村林语山房民宿

远山近林是场地内最直观的感受，为了不改变原有的场所感，树木被尽可能地保留。建筑被植被包裹，人又被建筑包裹，保留了原始的"犹抱琵琶半遮面"的隐秘感的同时，在地面上行走的体验也变得层次丰富了起来。不同季节的林木形态不同，环境的通透性也会变得不同，在夏季茂密的叶片掩映与冬季裸露的枝干点缀下，建筑的可视度也有所差异。

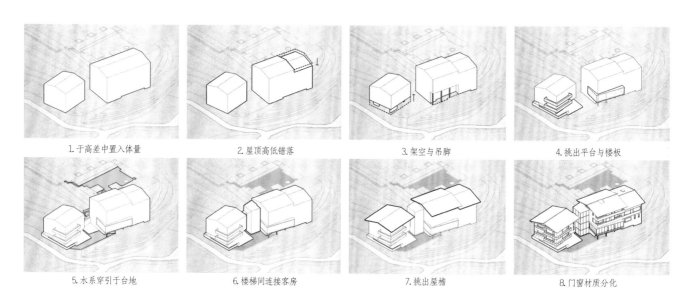

1. 于高差中置入体量　　2. 屋顶高低错落　　3. 架空与吊脚　　4. 挑出平台与楼板

5. 水系穿引于台地　　6. 楼梯间连接客房　　7. 挑出屋檐　　8. 门窗材质分化

方案推演过程

远山作为关键要素，在不同角度有不同的观看感受：在建筑的下部分空间，山体隐隐约约从树干间透出来，越往上行走，视野开阔的同时，连续的山屏也逐渐展现。客房开窗的方式不同，远山被引入的状态也不同，有长条卷轴式，有框景片段式，有连续断框画幅式，对不同的空间尺度和类型进行呼应。

场地绝不只是场地本身，周围的树木、相邻的房舍、远处的山屏、附近的田野、围合的竹林都是场地的一部分。人置身其中，建筑的空间和视野也围绕其展开。

5 傍晚南侧场景
6 顺应地形逐级而下的台阶和水景
7 从西南方向鸟瞰民宿和远山
8 远山长卷横轴框景
9 连续断框画幅远山框景
10 片段式远山框景

12

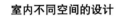

室内不同空间的设计

　　一层接待大厅是一个横向展开相对低矮的空间，压缩了视觉和身体体验感。右行下几步台阶进入下沉的休闲区域，连续的横向玻璃窗提供了相对开阔的视野。低层树木枝叶繁盛，层叶荡漾，偶见远山。从休闲厅逐级绕行至左侧，可见水吧和早餐厅，吧台以天然的自然景观作为背景，斑驳的竹影形成天然的动态画面。

11 横向连续的长条玻璃窗将树林引入室内空间
12 横向延展的接待大厅空间
13 树林的光影投到休闲空间中
14 早餐厅对应的水吧和竹林

从接待厅穿过竹格栅连廊便是一层的两间客房，东北侧客房视野开阔，村子的田野景观和远山都清晰可见，不同季节入住会看到田地里不同颜色和种类的作物。客房布置简洁，空间围绕两个方向的景观展开，床朝向北侧的远山，喝茶区则朝向东侧田野，户外有一个L形的休闲阳台，卫生间干湿分离，浴缸设置在大玻璃窗边，泡澡时让身体更接近自然。

15 细密格栅界面的连廊通道
16 东侧的喝茶空间朝向开阔的田野
17 浴缸放置在东侧窗边的客房场景
18 看到客房中卧室和自由开放的卫生间场景

豪华标间

亲子套房 1   亲子套房 2   顶层大套房

豪华大床房   榻榻米标间

客房户型图

马儿山村林语山房民宿

　　顺楼梯踏步而上，便到了二层的客房，亲子房体验令人惊喜：空间分上下两层，内部有楼梯上下，室内根据不同使用属性设置了不同的高差和地面材料，一层布置一张大床，二层南北两侧分别有一张大床，可以供一家人居住。亲子客房二层屋顶是建筑裸露的木结构层，阁楼北侧开了一条窄长窗，把远处的山景框入窗内，形成横轴画卷。

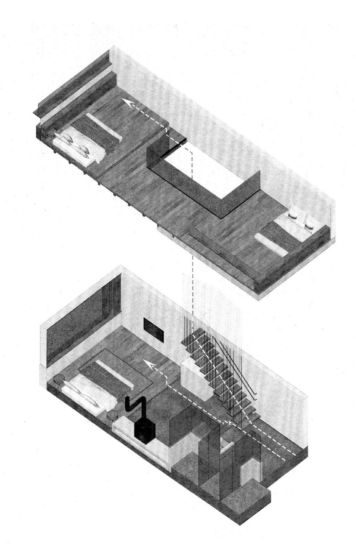

客房轴测图

24

25

23

19 有内部悬挑楼梯的亲子客房
20 丰富高差体验的客房空间，真火壁炉提升民宿的温度
21 设置局部通高空间的亲子客房
22 轻盈通透的钢结构楼梯空间
23 木结构裸露的亲子夹层空间，设计压低了夹层的空间高度
24 室内局部软装效果场景
25 横向看山的框景，空调设计藏入墙体壁龛

顶层是一个大套房，空间横向延展，从玄关转入便能看到连续的山景，视野被完全打开，近处有部分树权冒出，形成近景和远景的层次。坐在阳台，微风拂面，喝茶看山，非常舒适。套房的布局以内天井和浴缸为界分成两个区域，一半是睡觉喝茶区，一半是休闲水吧区，空间通透自由。屋顶木结构梁架裸露，结构与空间的关系一目了然，清晨鸟叫声响起，打开窗帘便让人心旷神怡。

26

1.休憩间
2.设备间
3.储物间
4.休息室
5.办公室

架空层平面图

1. 户外活动空间
2. 主入口
3. 大堂
4. 休息区
5. 榻榻米接待室
6. 卫生间
7. 水吧台
8. 客房
9. 玄关
10. 等待区
11. 楼梯间

首层平面图

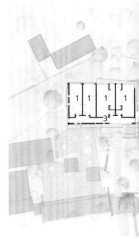

二层

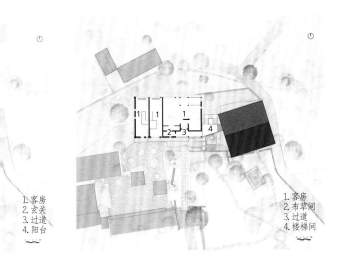

1. 客房
2. 玄关
3. 过道
4. 阳台

三层平面图

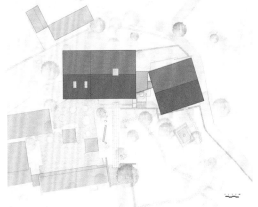

1. 客房
2. 布草间
3. 过道
4. 楼梯间

屋顶平面图

马儿山村林语山房民宿

建筑结构体系和在地化材料建造

　　设计团队希望建筑的立面材料能具有在地性，回到自然与建造的关系上，充分利用当地现有的材料，既控制建造成本又能方便找到当地工匠施工。像垒毛石、土砖墙、水洗石、水磨石、青砖墙、小青瓦，都是当地非常常见的用材，施工工艺简单，易取材，建造精确性易把握。

33

在结构的选择上，设计师们希望结构本身就是可以被表现的，是建筑空间和墙体体系的一部分，可直接被感知。用木模混凝土一次性浇筑，既是剪力墙结构，又是内外空间墙顶面，木纹和水泥质感既纯粹又能被直接触摸，而且可以实现无柱大开间空间，减少柱子的出现，实现空间自由。木构在当地传统建筑中被广泛使用，建筑的上半部分使用纯木结构，与剪力墙结构体系咬合，木结构架在室内空间中直接裸露，无二次装饰面层，结构材即空间面材，所有电线都走在屋顶保温层空腔里，极致地结合建筑结构和室内效果。

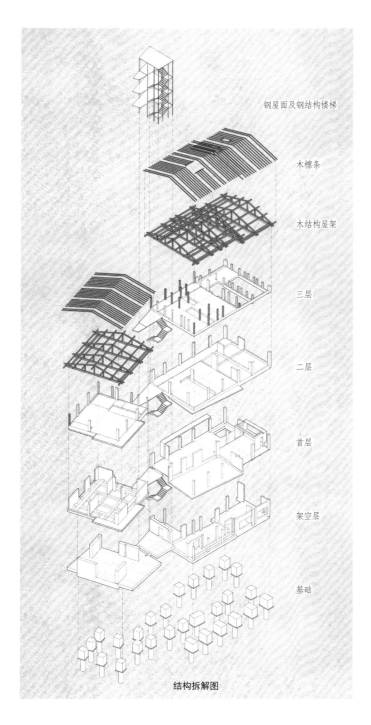

钢屋面及钢结构楼梯

木檩条

木结构屋架

三层

二层

首层

架空层

基础

结构拆解图

34

马儿山村林语山房民宿

对于设计的精准性理解

　　设计师们总是会面临这样的问题：如何去化解传统建造和现代设计的矛盾？如何让工匠理解图纸？如何让看似零散的材料组织成空间？本项目的主持设计师陈林老师认为对精确性的控制很重要。精确不等同于精致，精确在他看来可以是一种感知，一种内在的控制逻辑，可以用语言传达，可以被训练，但不一定能用图纸完整表达。精确可能是抽象的，在建造中用心感受精确占据着很重要的位置，比如陈林老师会跟垒石的工匠师傅说："垒石头的时候，自然面外露，无须水泥勾缝，水泥砂浆退进毛石墙面 3cm，石墙整体关系下大上小，大小石块穿插垒砌，无须挑选颜色，1.5m 见方用拉钩与内墙体拉结，景观墙体用大于建筑墙体 1/3 大小的石块垒砌。"工匠师傅基本能按照这句话的要求做到也就算是精确了。

35　从西北侧仰看民宿

北立面图

南立面图

南北向剖面图

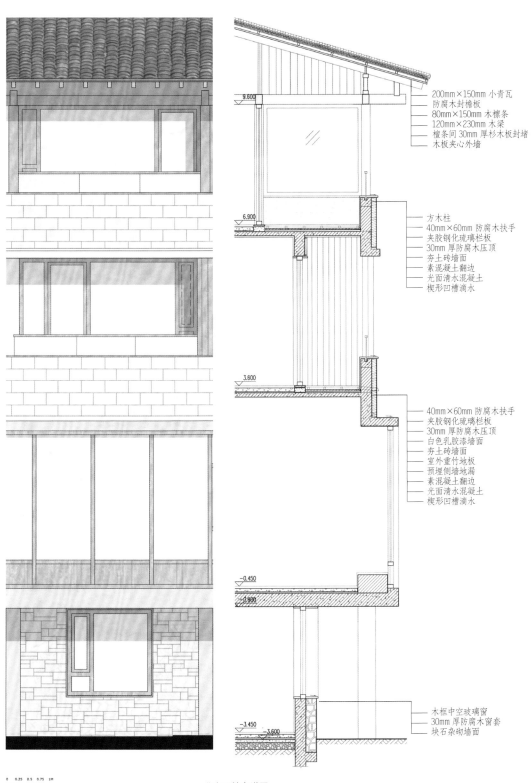

200mm×150mm 小青瓦
防腐木封檐板
80mm×150mm 木檩条
120mm×230mm 木梁
檩条间 30mm 厚杉木板封堵
木板夹心外墙

9.600

6.900
方木柱
40mm×60mm 防腐木扶手
夹胶钢化琉璃栏板
30mm 厚防腐木压顶
夯土砖墙面
素混凝土翻边
光面清水混凝土
楔形凹槽滴水

3.800
40mm×60mm 防腐木扶手
夹胶钢化琉璃栏板
30mm 厚防腐木压顶
白色乳胶漆墙面
夯土砖墙面
室外重竹地板
预埋侧墙地漏
素混凝土翻边
光面清水混凝土
楔形凹槽滴水

−0.450
−0.900

−3.450
−3.600
木框中空玻璃窗
30mm 厚防腐木窗套
块石杂砌墙面

0 0.25 0.5 0.75 1M

北立面墙身详图

马儿山村林语山房民宿

项目建设的意义所在

由于马儿山村本身有一定的建设条件，作为张家界美丽乡村的典范，已有基本固定的游客来源。周末时分，选择来此游玩休憩的游客不少。业主本人在马儿山村长大，自然对这儿怀有深厚的感情。民宿的改造既希望可以达到满足回乡居住的舒适条件，又能够打造一处不改变原有乡村情怀的精神寄托之所。

36

37

38

36 架空的室外空间，混凝土现浇裸露
37 民宿主入口夜晚场景
38 大套房室内场景

清啸山居民宿

在地化的乡村民宿建造范本

项目区位背景

项目基地位于浙江省金华市武义县柳城镇梁家山村，村中建筑依山而建，大部分建筑都是木结构夯土墙，一条小溪穿流过村落，溪边古树尚存。清啸山居坐落于村庄的古树旁、小溪边，小溪对岸就是梯田和环山。此项目背靠整个村落和大山，是理想中的隐居之所，场地原址有一栋三开间两层高的夯土房和一个小公厕，夯土房墙面已经大面积开裂，墙体倾斜外扩，综合考虑各方面因素决定将其拆除重建。

扫码观看项目视频

项目地点
浙江省金华市武义县柳城镇
梁家山村
建筑面积
320 ㎡
设计公司
尌林建筑设计事务所
主创设计师
陈林
设计团队
刘东英、时伟权、陈伊妮
摄影
赵奕龙、尌林建筑设计事务所
视频版权
尌林建筑设计事务所

1

1 民宿背靠整个村落和大山

场地关系的勾勒

　　场地上的原建筑体块分布呈围合状，一栋三开间的夯土主房，旁边分布三个小辅房，还有一个公厕，都在一个高 2m 左右的石坎台基上，与旁边的道路小溪呈阶梯状关系，边界呈锯齿状，场地原建筑主房入口在建筑的背面，由北面一条小弄堂进入。

　　站在场地对面的山坡上，能看到整个村子的全貌，项目场地位于河边最显眼的地方，在这个位置做一个民宿，应该要完全融入原村落的整体肌理与空间组织之间的关系中。在建筑方案中延续建筑体块的内向型组织关系，保持原有组团的体块轴线关系，重新梳理建筑边界，延续和强化建筑在台基上的基地关系，重新组织村落肌理、组团空间、建筑形态、台基、巷道、小溪、梯田、环山之间的勾连关系。

轴测图

建筑区位图

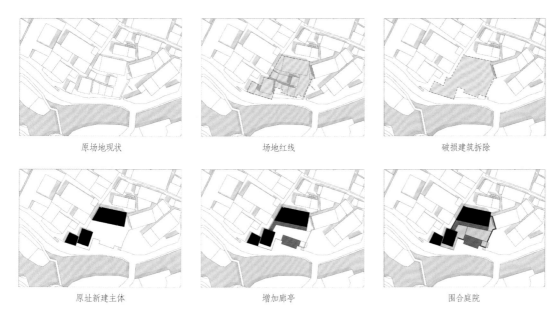

原场地现状　　　　　　　场地红线　　　　　　　破损建筑拆除

原址新建主体　　　　　　增加廊亭　　　　　　　围合庭院

方案推演过程

清啸山居民宿

4 高低错落的屋顶
5 入口场景

乡村在地性展示

在村落中行走，随着地形的高低变化，民居体量的大小变化、方向的偏转，屋顶的边界关系呈现出一种错落有致、变化无穷的状态。设计师希望将这种状态在设计中呈现出来，以呼应当地建筑屋顶形态的多变性，所以建筑的体量被打散分解重构，屋顶方向斜度变化，形成与原有村落民居和谐的屋檐关系和体量关系。

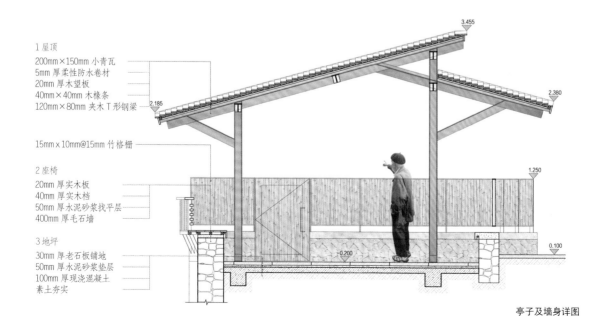

1 屋顶
200mm×150mm 小青瓦
5mm 厚柔性防水卷材
20mm 厚木望板
40mm×40mm 木椽条
120mm×80mm 夹木 T 形钢梁

15mm×10mm@15mm 竹格栅

2 座椅
20mm 厚实木板
40mm 厚实木档
50mm 厚水泥砂浆找平层
400mm 厚毛石墙

3 地坪
30mm 厚老石板铺地
50mm 厚水泥砂浆垫层
100mm 厚现浇混凝土
素土夯实

亭子及墙身详图

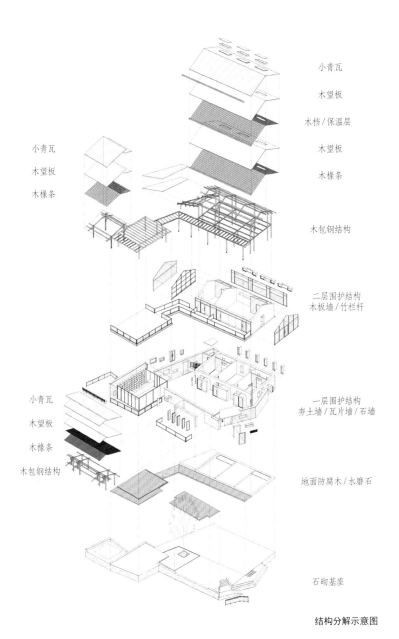

小青瓦

木望板

木椽条

小青瓦

木望板

木椽条

木包钢结构

小青瓦

木望板

木档/保温层

木望板

木椽条

木包钢结构

二层围护结构
木板墙/竹栏杆

一层围护结构
夯土墙/瓦片墙/石墙

地面防腐木/水磨石

石砌基座

结构分解示意图

乡村营造存在特有的限制性因素，交通不便，资源匮乏。在建筑材料运用上，利用在地化的材料变成一种建造策略，村落中回收的小青瓦、原建筑夯土墙体材料、当地的毛石砌块、竹子、老石板、回收老木板、水磨石都是在地化的材料，方便就地取材，回收利用，再生环保。

在建造工法上，遵循当地的一些传统建造工艺，建筑主体的墙体材料回收利用原夯土房上拆除下来的土料，一方面节约材料的采购和运输成本，另一方面夯土材料可回收再利用的特性被充分挖掘。延续乡村记忆和建造工法，是对乡村匠人智慧的尊重和传统建造技艺的传承，也是一种再生循环和在地化的乡村营造理念。

在建造的过程中，设计师们聘请当地的匠人参与建造，他们认为看乡村匠人干活的过程中能感受到什么是真实建造。砌石头墙时每块石头都要挑选，顺应其形态择其位置，下大上小，自下而上，感受真实的受力关系和建造逻辑，同时保留手工建造的痕迹和时间的印记，强调建造的真实性。

建筑结构用的是施工比较方便的钢木结构，其结构逻辑与村落中传统建筑的构成逻辑相似，结构与外围护墙体体系脱开，用连接点将结构与外墙体连接。

村子房屋基本都是依山而建，而且多为夯土房，怕潮湿和水，自然形成很多阶梯状台地，房屋都造在一个个石砌台地上。基地处原建筑也是建造在一个石砌台地之上，台基下方是一条沿溪村道，溪流与村道又有比较大的高差，所以场地处就形成了多层级、高差大的阶梯状台地关系。建筑的主入口设计在下面村道处，便出现了入口处的三次转折来消化地形的高差关系，一段为石板铺设的坡道，上坡道后一条路顺势通往邻家，一条折回，顺着几个石条踏步进入建筑入口处。进门后，转向又行几个踏步进入庭院，入口处有一种蜿蜒上山的体验，也是台地高差所带来的路径变化，延续了在古村中的行走体验。

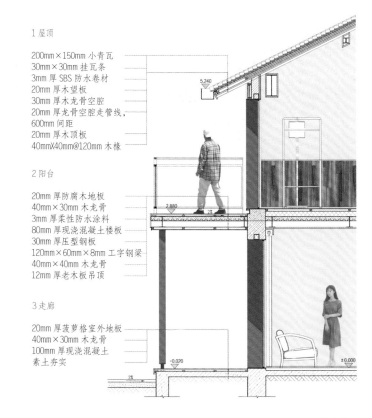

1 屋顶

200mm×150mm 小青瓦
30mm×30mm 挂瓦条
3mm 厚 SBS 防水卷材
20mm 厚木望板
30mm 厚木龙骨空腔
20mm 厚龙骨空腔走管线，
600mm 间距
20mm 厚木顶板
40mm×40mm@120mm 木椽

2 阳台

20mm 厚防腐木地板
40mm×30mm 木龙骨
3mm 厚柔性防水涂料
80mm 厚现浇混凝土楼板
30mm 厚压型钢板
120mm×60mm×8mm 工字钢梁
40mm×40mm 木龙骨
12mm 厚老木板吊顶

3 走廊

20mm 厚菠萝格室外地板
40mm×30mm 木龙骨
100mm 厚现浇混凝土
素土夯实

走廊墙身详图

将自然引入建筑中

　　站在场地中，映入眼帘的是溪对岸的梯田、古树和环山，能将自然景观引入建筑空间中变成一个重要元素，民宿所有的客房大开窗都面对梯田和山景，最大限度地把山景映入室内空间。望山亭是专门为了看山而设置的喝茶休闲空间，穿插在内庭院和小溪之间。故意将屋檐口压得很低，站在内院，视线被屋檐高度引导往下看梯田和小溪，静坐在亭下，环山入目。

6 观山亭局部场景
7 观山亭与内庭院场景
8 观山亭连接内庭院与外部景观
9 休闲水吧室内场景

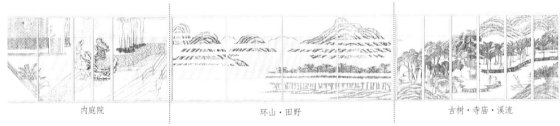

内庭院　　　　　　　　　　环山·田野　　　　　　　　　　古树·寺庙·溪流

横向连续的卷轴视线观景概念

　　水吧作为民宿里面的公共空间，可以对外开放，是一个比较扁平的空间。外立面用竹格栅疏密布置，分上中下三段，水吧三个界面的视线明暗形成横向连续的画面关系，类似一张古画卷轴。古树在横向的卷轴中变成了画的一部分，卷轴连续地展现了村落巷道、连廊、水院、梯田、古树等场景，设计师希望用这种视角将人工和自然关联起来。水吧上面的屋顶平台集合了听水、看溪、望山、观屋、赏树的所有视角，上楼梯步入平台，视线豁然开朗，建筑与村落环境的关系一下子被打开。

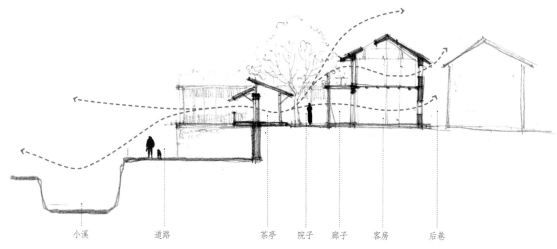

| 小溪 | 道路 | 茶亭 | 院子 | 廊子 | 客房 | 后巷 |

自然通风分析

建筑内部的微气候循环

　　夏天中午，室外的温度很高，在其他的房子里也感觉特别热，从村子里走入民宿，体感温度一下子就降了下来。廊子里，能感觉到对流的风从中穿过，即使站在有太阳的院子里也感觉不到热，室内就更加凉爽了。设计师在建筑设计之初就考虑了其通风采光、保温隔热等方面的性能。建筑的体量沿着地形关系呈阶梯状，在外围墙体上开了很多通风和视线穿透的小窗洞，空气顺着这样的空间形态产生自然风的流动，同时建筑材料也缓解热量吸收，再加上旁边小溪的水面和古树绿荫更加强了建筑的微气候循环。

10

南立面图

10 楼梯处廊道、屋顶、瓦墙
的空间关系
11 二层客房的横向大观景面

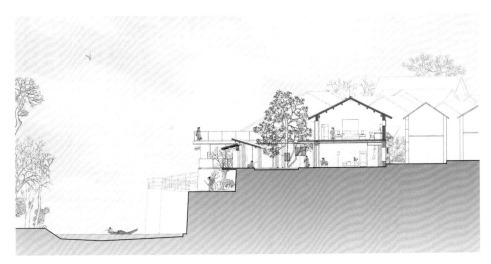

南北向剖面图

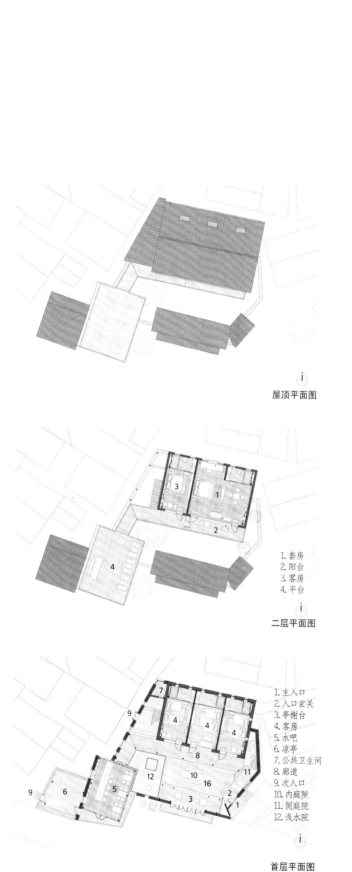

屋顶平面图

1. 套房
2. 阳台
3. 客房
4. 平台

二层平面图

1. 主入口
2. 入口玄关
3. 亭榭台
4. 客房
5. 水吧
6. 凉亭
7. 公共卫生间
8. 廊道
9. 次入口
10. 内庭院
11. 侧庭院
12. 浅水院

首层平面图

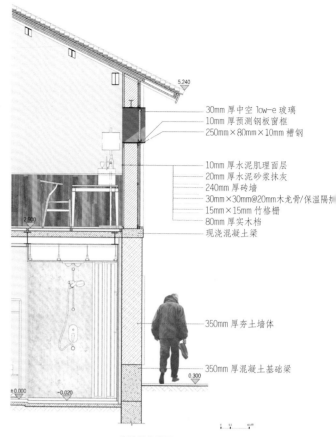

30mm 厚中空 low-e 玻璃
10mm 厚预测钢板窗框
250mm×80mm×10mm 槽钢

10mm 厚水泥肌理面层
20mm 厚水泥砂浆抹灰
240mm 厚砖墙
30mm×30mm@20mm 木龙骨/保温隔热
15mm×15mm 竹格栅
80mm 厚实木档
现浇混凝土梁

350mm 厚夯土墙体

350mm 厚混凝土基础梁

外墙墙身详图

12

项目建设的意义所在

乡村是民宿项目最好的载体之一，乡村生活是很多人的美好回忆，也是一种美好向往，乡村满足了民宿项目建设的先天条件，也是振兴乡村经济的重要途径之一。同时，通过民宿及周边附属物的建造，也可以造福村民，为他们提供一处休闲场地。此项目场地上原来有一个小的公厕，是属于村民集体使用的公共空间，在建造民宿的时候希望把这部分公共空间再还给村民。位置在巷道的端头，旁边是古树和小溪，设计师把这个位置做成了一个半开放的亭子，对着村里的古树和小溪，村民们闲来无事的时候可以坐在这边闲聊。亭子还有另外一个功能，傍晚亭子的灯光亮起来，便像是一盏灯笼，为村民们照亮回家的路。

12 雨天的亭子
13 村民坐在亭子里听溪观树
14 村民在亭子里喝茶
15 傍晚亮灯的亭子

造币局民宿
旧银行里的新民宿

项目所在地区位背景

    造币局民宿所在地位于村庄尾部，位置私密、幽静，北侧是山坡，南侧朝向原来的泄洪沟渠，视线相对开阔。原址上有三个并排但独立的院落。院落格局规矩，正房两层，形制是沁源地区典型的三开间，一层住人，二层存放粮食和杂物。厢房一层，因为年久失修，大多数已经破损或倒塌，很难一窥全貌。改造前，三个院落已经闲置多年，原住户早已迁到新村居住，此处产权已经移交给村集体。

项目地点

山西省长治市沁源县沁河镇
韩洪沟村

场地面积

960 m²

建筑面积

540 m²

设计公司

三文建筑 / 何崴工作室

主持设计师

何崴、陈龙

项目建筑师

梁筑寓

设计团队

桑婉晨、曹诗晴、刘明阳

项目顾问

周榕、廉毅锐

驻场代表

刘卫东

摄影

金伟琦、三文建筑

1 民宿鸟瞰

建筑布局：打通院落，重构空间

新功能决定原来彼此隔绝的三个院落格局必然会被打散、重组。民宿不同于民居，它需要公共服务区域、前台、客房和后勤部分，且客房要有一定的数量，服务要有便捷性。

2 改造后的民宿鸟瞰
3 民宿夜景
4 从屋顶平台看客房和院落

设计的策略分为几个步骤：首先，对原有建筑进行评估，对保存良好、可以继续利用的房屋进行保留、修缮；对已经无法继续使用的建筑进行拆除。其次，拆除三个院落之间的隔墙，将场地连接为一体，重新组织入口和交通流线。再次，根据新场地景观和功能组织，新建单体，与保留建筑一起重构场所。

完成后，原正房与新厢房的空间关系仍然保留，正房两层高，位置不变，新厢房一层，处于从属地位。空间格局并不墨守原貌，利用新建的厢房，空间的流线和室外空间得以重构，同时利用现代的形式和新材料，使新旧建筑形成一种戏剧性的对话关系。

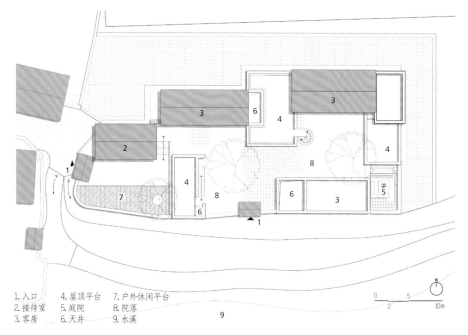

1.入口　4.屋顶平台　7.户外休闲平台
2.接待室　5.庭院　8.院落
3.客房　6.天井　9.水溪

总平面图

5　场地中的树被保留，成为庭院景观中的重要元素
6　新旧建筑形成对比
7　民宿外立面反映传统民居特征
8　水刷石、青砖、土坯墙形成不同质感的外立面
9　不同的外立面材料形成丰富的肌理

建筑设计与建筑材料的使用

　　建筑的设计延续了布局的逻辑。正房或被保留修缮，或按照原貌复建，它们在空间中居于显眼的位置，形式的地域性宣告了民宿与场地文脉的关系。入口院落的正房是民宿的前台，后面两个正房是客房。正房二楼不再是存放杂物的空间，它们被改造为客房使用，但立面的传统格栅形式被保留，回应了沁源地区传统民居的风貌。原建筑的土坯砖形式也保留了下来，根据传统工艺新制作的土坯砖墙既唤起历史的记忆，又极具装饰感。

　　新厢房采用平顶形式，更抽象、更具现代性，也为民宿提供了更多、更丰富的室外空间（二层平台）。为了保证一楼客房的私密性，新建客房设有属于自己的小院或者天井，建筑朝向小院或天井开大窗，形成内观的小世界。

建筑外立面没有使用乡土的材料，而采用了水刷石。这既是对 20 世纪 80 年代建筑风格的再现，也是对设计师自身回忆的一种表达。灰白的碎石肌理和老建筑的土坯墙形成柔和的对比，不冲突，但有层次。彩色马赛克条带的处理，既是对斯卡帕（Carlo Scarpa）的一种致敬，也对应着乡村瓷砖立面的命题。设计师希望借此引起对乡村瓷砖立面的一种反思，不是简单的批判，而是理性的思考，并想办法解决。

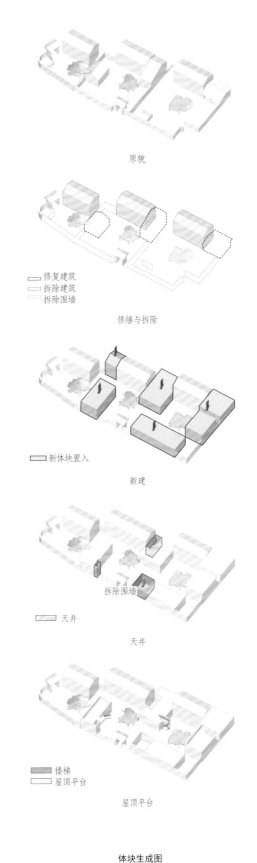

原貌

修复建筑
拆除建筑
拆除围墙

修缮与拆除

新体块置入

新建

拆除围墙

天井

天井

楼梯
屋顶平台

屋顶平台

体块生成图

乡土与时尚并存的室内设计

从设计逻辑上，室内是建筑的延续。设计师希望营造一种乡土与时尚并存的感觉，既能反映山西的地域性，又能符合当代人的审美和舒适性要求。

客房空间的组织根据客房的面积和定位布置，符合当代度假民宿的需要。新建筑客房天花板使用深色界面，让空间退后；地面是灰色的纳米水泥，在保证清洁的基础上，给人一种酷酷的时尚感；墙面为白色，保证了室内的明亮度。老建筑客房天花板保留原建筑的天花形制，木质结构暴露；地面是暖色调的实木地板或仿古砖，给人温馨舒适感。墙面为黄土色的定制涂料，给室内氛围增加怀旧感，也符合当地民居特色。

10 原木、土墙和手绘天花传递了浓郁的乡村气息
11 新建建筑的室内

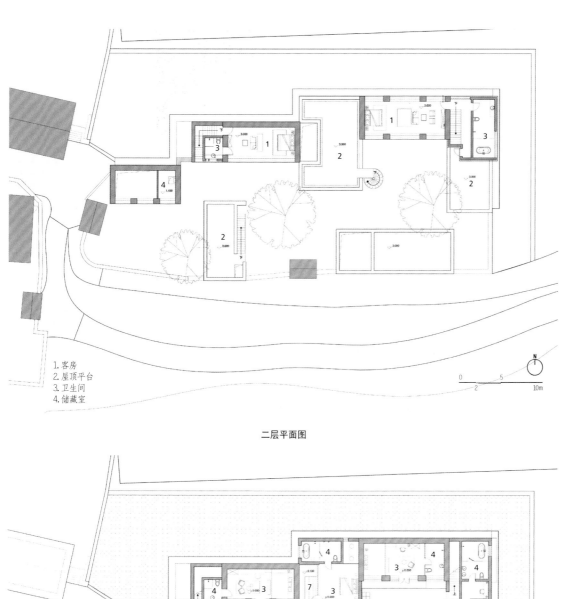

1. 客房
2. 屋顶平台
3. 卫生间
4. 储藏室

N

0   2   5   10m

二层平面图

1. 入口   6. 庭院
2. 接待室   7. 天井
3. 客房   8. 户外休闲平台
4. 卫生间   9. 院落
5. 布草间   10. 水溪

N

0   2   5   10m

10

一层平面图

床的处理有几种不同的方式：炕、标准的床和地台。老建筑的一层客房采用炕，二层由储藏空间改造的客房采用标准的床，而新建的客房则多为地台。这样的处理既满足了不同使用人群的入住体验，也让地台的使用便于灵活组织房间的入住形式，在大床房、标间之间转换。

在两种"对抗"的室内风格基底上，为了提高设计的整体性，家具和软装选择了相同的风格。毛石、实木、草本编织、粗布等乡土材料被大量使用，经过精细的挑选、搭配和加工，呈现出一种"粗粮细作"的状态。颜色搭配也直接影响了室内的最终效果，不同的房间使用不同的主题颜色，也与建筑的外观颜色相对应。坐垫、地毯、壁饰等软装，选择了浓郁和鲜艳的色彩，它们作为空间中的跳色，活跃了气氛。

14

项目建设的意义所在

  韩洪沟老村曾经是抗战时期太岳军区后勤部队所在地，项目所在的老院子曾经是当时的银行，这为项目平添了几分传奇的色彩。原本破败不堪的建筑在改造之后重新焕发了活力，同时被赋予全新的使用价值，希望民宿的建成为乡村活化尽一分绵薄之力。

重庆垫江巴谷宿集建筑设计

可居可游，在半山稻田之间

项目场地环境：海拔 800m 的自然村，可望见县城

    垫江县位于重庆市主城区东北方向，距离约 120km。项目场地位于垫江县桂阳街道十路村的一个自然村民组——雷家湾，这里属于明月山脉，海拔约 800m，夏季凉爽，是避暑的好去处。场地西面背山较高，两侧有小山环抱，东南方向是一个豁口，可以看到 8km 外的县城，可谓地形优越。更难得的是，场地中有一片马蹄形的稻田，原村民的生产、生活就围绕这片稻田展开，半亩地、一头牛、日出而作、日落而息……

项目地点
重庆市垫江县十路村
建筑面积
2500 m²
建筑及景观设计（不含室内设计）
三文建筑 / 何崴工作室
主持设计师
何崴、陈龙
项目建筑师
梁筑寓
方案设计
刘明阳、桑婉晨、曹诗晴、李婉婷、
华孝莹、张天倨、李俊琪、林培青、
李虹雨（实习）、宗振振（实习）、
尹欣怡（实习）
深化设计
林桑（建筑）、郭建生（结构）
驻场设计师
刘明阳
合作单位
北京华巨建筑规划设计院有限公司
景观顾问
李国钧
摄影师
金伟琦

1 民宿背靠山林布置，面向稻田

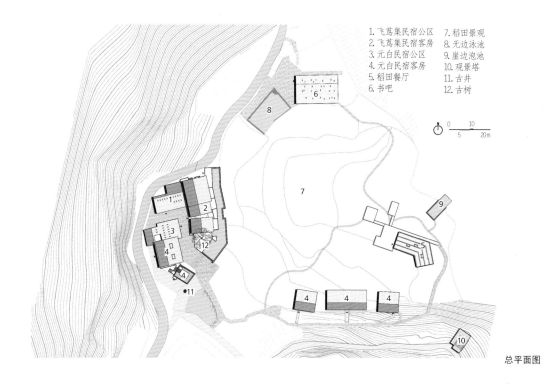

1. 飞莴集宿民公区　7. 稻田景观
2. 飞莴集民宿客房　8. 无边泳池
3. 元白民宿公区　　9. 崖边泡池
4. 元白民宿客房　10. 观景塔
5. 稻田餐厅　　　11. 古井
6. 书吧　　　　　12. 古树

总平面图

　　除了具有恬淡的乡村文化景观外，场地周边还有历史古迹，其中最具名气的是巴蜀古道，相传这里才是为杨贵妃运送荔枝的路径，因此也被称为"荔枝古道"。现在拾级而上，还可以看到当年的界碑和历代文人墨客留下的摩崖石刻。

客房和接待区被安置在西侧和南侧的山脚下，在具备良好视野的前提下，尽量不占用田地。场地中原有道路向西挪动，从新建筑和其背后的山林之间通过，使新建筑与稻田之间不受交通的打扰，同时也便于后期运营中的封闭管理。书吧和室外大游泳池布置在一起，它们位于稻田北侧，背后有树林作为依托。餐厅位于场地东侧，它是唯一一栋修建在稻田中的建筑，但采用了地埋方式，被隐藏在稻田中间。在场地核心区外围东南角的山林中，还建造有一座瞭望塔，它既可以用于登高观景，也兼做森林防火之用。

整体布局：保留稻田，建筑围绕稻田布置

新建筑的功能是民宿，而且是多个民宿品牌的集合。根据运营方的要求，一期建筑包含飞莺集和元白两个民宿品牌，它们拥有独立的区域，服务不同的人群。两个民宿共用一系列公共空间，包括书吧、室外游泳池和餐厅等。

在了解了上位规划后，建筑师发现稻田在未来的规划中是村庄发展用地，因此即使在该区域建设也不会涉及占用耕地的问题。但问题是，这样的处理是否是最好的选择。从建设难度的角度，在稻田区域建造肯定更为有利，但这样做既破坏了农业景观，又让项目失魅。最终，设计师、建设方和运营方都认为应该保留稻田，将其作为未来民宿的核心。

建筑围绕稻田布置，形成空间上的犄角之势和视觉上的互看。这类似于中国园林里建筑之间的"看与被看"关系。稻田的角色如同园林中的水面，它既是观看的主体，也可为人在空间中的活动提供主题。民宿投入使用后，运营方围绕稻田开展的一系列活动，如收割季、稻田瑜伽等也印证了这点。

2 鸟瞰图
3 保留稻田，建筑围绕稻田布置
4 瞭望塔

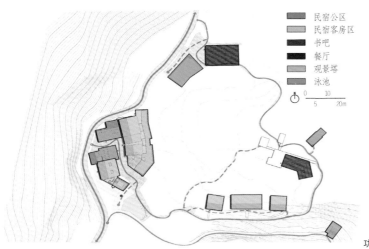

民宿公区
民宿客房区
书吧
餐厅
观景塔
泳池

0 10
5 20m

功能布局

5 飞茑集民宿首层的室外平台和浅水池
6 民宿使用了场地原有的老石料和木头

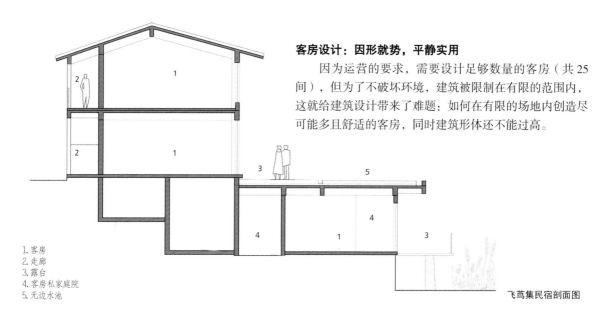

1. 客房
2. 走廊
3. 露台
4. 客房私家庭院
5. 无边水池

飞茑集民宿剖面图

客房设计：因形就势，平静实用

因为运营的要求，需要设计足够数量的客房（共 25 间），但为了不破坏环境，建筑被限制在有限的范围内，这就给建筑设计带来了难题：如何在有限的场地内创造尽可能多且舒适的客房，同时建筑形体还不能过高。

客房分为两个区域，分别对应两个不同的民宿品牌——飞茑集和元白。飞茑集位于场地原宅基地（原建筑因质量问题被拆除），面向稻田和山的豁口，拥有最好的观景面。客房共三层，12间，入口层和二层采用背廊式布局，保证了客房都面向稻田。负一层并不是地下，而是利用场地原有高差形成的错层。负一层和入口层在剖面上错开，负一层的屋顶正好成为入口层的室外平台。除了阳台，建筑师还设计了一个连通的浅水池，在为客房提供舒适小环境的同时，也增加了室外活动的趣味性。错层的处理也使建筑在视觉上分为两段，弱化了建筑总高三层给人的压迫感。飞茑集客房南侧有一棵老树，它携带了原场地的场所记忆。设计师刻意保留了老树，建筑邻树而建，形成了一种共生关系。树下利用木平台与负一层的屋顶浅水池相连，成为户外休闲的场地。

元白民宿主要位于稻田南侧的山脚下，由三栋二层的建筑组成。建筑外观朝向稻田的一面使用落地玻璃，将好的景观引入客房，分体式的布局保证了各客房之间的私密性，以及"家庭式"的体验感。

客房的建筑外观总体朴素平静，不刻意追求形体的雕塑感和现代性。建筑以双坡顶为主，出檐深远，回应了垫江地区多雨的气候条件。墙面使用了新型土坯墙材料，在具有传统民居外观的前提下，保证了后期维护低成本的诉求。

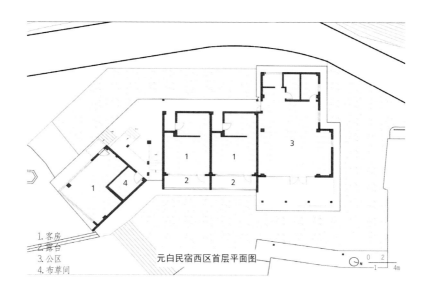

1. 客房
2. 露台
3. 公区
4. 布草间

元白民宿西区首层平面图

0 1 2 4m

6

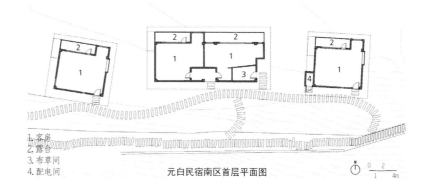

1. 客房
2. 露台
3. 布草间
4. 配电间

元白民宿南区首层平面图

0 1 2 4m

书吧和游泳池设计：对场地和传统民居的升华

　　除了客房和接待区，本项目中还有一些小建筑，它们分散布置在场地中，在功能上是民宿的公共配套，在精神层面上它们起到点景的作用，与自然景观一起定义了项目的整体气质。

7

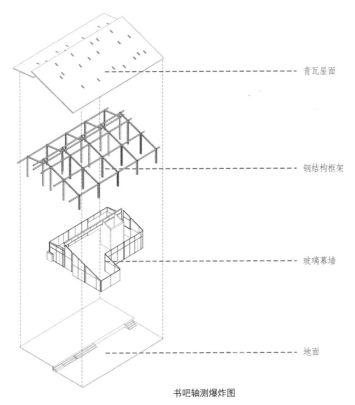

青瓦屋面

钢结构框架

玻璃幕墙

地面

书吧轴测爆炸图

　　书吧的功能包含图书馆和水吧，它位于这个场地的北侧，与室外大游泳池毗邻，和元白民宿的客房相对。这座建筑拥有一个大尺度的屋顶，这是对本地传统民居超尺度屋顶的一种表现。在垫江，传统民居经常会将厢房一侧的屋顶与其背后的厨房、猪圈屋顶连为一体，构成一个连续的、檐口接近地面的大屋顶。设计师认为这是该地区极具特征性的建筑元素，就将其采样、适当变形，运用到书吧的设计中。书吧的双坡屋顶被分开，且不对称，面向稻田的屋顶檐口被刻意压低，形成一个超常规的屋顶形式，给建筑一种独特的气质：平静的不凡。压低的檐口框选出来的水平构图，将人的视线引向稻田、客房和餐厅，人坐在书吧中可以更集中地观赏当下的风景。

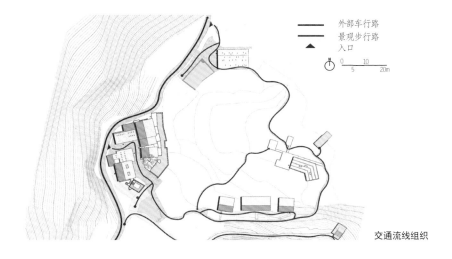

外部车行路
景观步行路
入口

交通流线组织

室外游泳池是在原场地鱼塘的基址上改造而成的。这样的处理既减少了土方量，又让改造前后的图景形成了戏剧性张力。当今，无边游泳池已是高端民宿的标配，设计师希望创造一个"稻田中"的无边游泳池。随着后续农业景观的完善，游泳池将与稻田更紧密地结合，闻着稻香，手可触及稻穗的游泳体验，想来是很浪漫的。

8

9

7 从游泳池方向看书吧
8 从游泳池方向看飞茑集民宿
9 书吧、游泳池与元白民宿和
餐厅相对而望

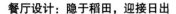
10 餐厅
11 环抱稻田的书吧、游泳池和餐厅
12 餐厅是观日出的绝佳地点
13 灯光以建筑内透光为主

餐厅设计：隐于稻田，迎接日出

现有餐厅的规模很小，在二期大餐厅完成后，它将主要承担小型的特色餐饮服务。在设计之初，设计师希望在场地东侧，山豁口处建造一栋小建筑，它一方面起到点景的作用，另一方面可以为客人提供在崖口观看云海、日出，远眺县城的落脚点。

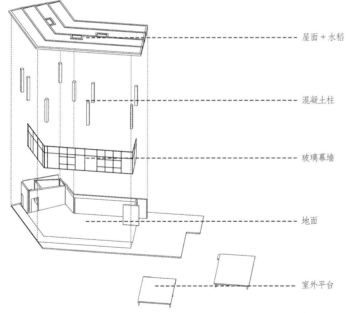

屋面 + 水稻

混凝土柱

玻璃幕墙

地面

室外平台

餐厅轴测爆炸图

建筑在稻田边缘建设，为了不破坏稻田的整体景观，设计师利用地形的高差，将建筑埋入地下，隐于稻田中。建筑形态尽量简洁，平面呈折线形，扣入场地中。单坡顶、混凝土结构、朝向崖口的立面采用落地玻璃，让建筑的室内外保持通透。屋顶采用反梁，使室内天花保持水平。餐厅设计没有使用常规的屋面处理方式，而是采用无土栽培方式种植了水稻，此时，反梁成为保持水面的隔挡。屋顶水稻与建筑周边的稻田融为一体，让建筑消隐，同时也赋予建筑鲜明的个性。

餐厅旁边，应业主的要求增设了小型的泡池。泡池位于崖口，具有绝好的视野。在清晨，餐厅和泡池朝向东方，是迎接日出第一缕阳光的绝佳位置；在傍晚，透过餐厅室内温暖的灯光，及室外平台上的烛光，一种浪漫的气氛油然而生。

景观设计：尊重环境，质朴自然

本项目的场地具有一种特殊的气质：三面有山，东面开敞，山林环抱着中间的一片稻田，有一种世外桃源的氛围。这里不是城市，而是当代都市人向往的"诗与远方"之地。因此，本项目的景观设计核心元素是质朴的乡野气息的表达。

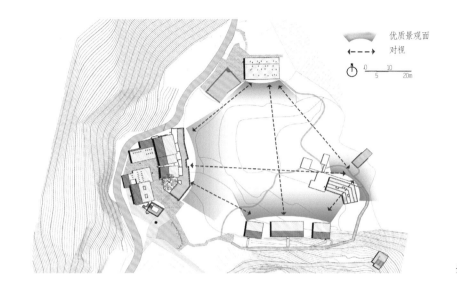

景观视线

稻田被完整保留，原来位于村落和稻田之间的道路被移到新建筑西侧，建筑与稻田之间得以更直接地连通。新开辟的步行小径串联几个建筑体，它们依循原有的田垄和林间小路而设。路面不追求完全的平整，条石和砖木是主要的路面材料，人行走其间，轻松但需要稍慢的步速和关注脚下。民宿和公共建筑周边的区域多为硬质铺装，这里采用了当地的青石碎拼，或利用场地中老建筑遗留下的基石作为主要材料，既具有在地性，又有淡淡的乡愁。

夜晚，照亮小径的光由简单的灯泡提供，它们被安装在低矮的竹棍上，竹棍插在路边稻田里，灯泡上面有个简单的竹编灯罩，用于遮挡灯泡，也让灯光柔和地透出。这个设计简单、随性，这就是设计师希望传达的气质。

13

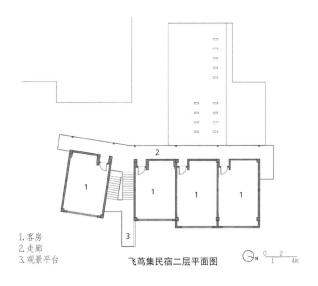

1. 客房
2. 走廊
3. 观景平台

飞莺集民宿二层平面图

1. 客房
2. 露台
3. 公区
4. 古树
5. 无边水池
6. 员工宿舍
7. 配电间
8. 储藏间

飞莺集民宿首层平面图

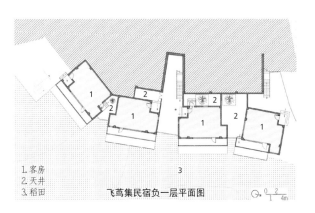

1. 客房
2. 天井
3. 稻田

飞莺集民宿负一层平面图

14 民宿底层和上面两层错开,减小建筑的尺度
15 夜晚鸟瞰
16 书吧夸张的大屋顶借鉴了本地传统建筑

项目建设的意义所在

　　巴谷宿集的建筑设计并不追求一种新奇的造型,它更多是讨论建筑、自然和人之间的关系与互动。场地原始的自然条件被尽力保留,建筑以一种"点"的方式加入空间,成为视觉和行为的锚点。最后是人,他们游走在建筑和山水之间,从主客二分到逐渐成为风景的一部分。时间变慢,自然、建筑和人也在不知不觉间成为一体。这也许就是中国古人所追求的"山人"之境吧。

14

巴谷宿集建成后，凭借优越的自然环境迅速走红，在业内引起了不小的反响，成了不少游人的"打卡地"。其利用乡村闲置资产，以新业态、新设计进行激活的模式也成为当地农村"三变"改革政策的重要案例，为当地乡村发展提供了一定的参考。这也是得益于政府、业主、运营方、设计方多方合作，共同努力所取得的成果。

婺源虹关村留耕堂修复与改造

百年徽州老宅的新生

项目改造背景

    项目位于江西省婺源县虹关村。婺源属于古徽州的范围，虹关村位于婺源县城以北50km的浙源乡，是明清时代享誉全国的制墨圣地，有"世间烟墨七分出徽州，徽州烟墨七分出虹关"之说。虹关村詹氏墨品就是虹关古烟墨的代表：正是詹元秀（1627—1703）改良了原有工艺，使虹关烟墨成为文人墨客的钟爱之品，如今在故宫博物院里可以看到虹关詹氏墨品。

项目地点
江西省婺源县虹关村

场地面积
800 ㎡

建筑面积
780 ㎡

设计公司
三文建筑 / 何崴工作室

主持设计师
何崴、陈龙

设计团队
赵卓然、曹诗晴、吴前铖（实习）、
叶玉欣（实习）、高俊峰（实习）

摄影师
方立明

1 留耕堂航拍

留耕堂位于虹关村村口，是清末制墨大师詹成圭的第三个孙子詹国涵的宅第。建筑面对村口的千年大樟树，及近年来修建的村民活动广场，是当地少有的带院落的宅子。特殊的区位和开敞的院落使留耕堂从古村密集的肌理中"游离"出来，这也是业主长租并修复改造其为民宿的原因之一。

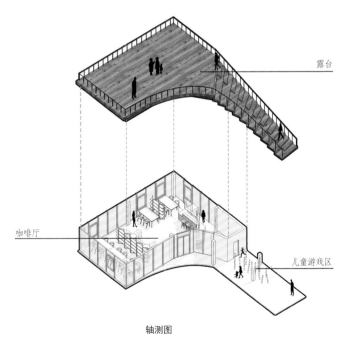

露台

咖啡厅

儿童游戏区

轴测图

留耕堂原有空间结构，由东至西分为三个部分：正堂、客馆、厨房。正堂年代最为久远，为单天井三合院，两层，入户门位于建筑东南角，隐于小巷之间，是往日主人一家的居住生活空间。中部客馆为双天井四合院式布局，大部分建筑为两层，由两个独立的居住空间构成，供旧时客人及仆人居住。厨房为三层木结构空间，一层为厨房，二、三层用于堆放杂物农具。建筑三个部分既可独立使用，又可相互连通。建筑与院落通过客馆南侧小门连接，院内有一棵桂树，一棵枣树，一小片竹林。

业主在租用留耕堂时，客馆后部已经因大火基本损毁，仅剩四面墙体及空地。业主首先召集了当地工匠，采用修旧如旧的方式，对客馆后部及厨房部分按照传统建筑工艺进行了修复，值得提起的是这是虹关村近几十年来第一座按照传统工艺修建的房子，而修建的过程被完整地记录了下来，成了当地非遗研究的重要资料。

2 虹关村总体鸟瞰
3 新建筑的玻璃立面与村落环境产生对比

剖面图

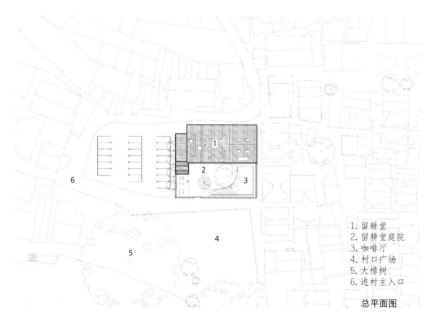

1. 留耕堂
2. 留耕堂庭院
3. 咖啡厅
4. 村口广场
5. 大樟树
6. 进村主入口

总平面图

项目空间的重新梳理

设计团队介入时，建筑修缮工作已接近完成，建筑空间格局已经基本确定。根据新的使用功能——民宿，设计团队首先对流线进行了梳理：精简了建筑原有重复的楼梯，将二层三个独立的区域贯通，形成连续的交通流线。然后，将公共服务空间和住宿空间进行了分区。民宿的空间功能需要兼顾住宿和公共空间的生活体验，动静得体，私密与公共区域有机共处。设计将正堂及客馆部分的二、三层定义为客房，共计13间。一层及原先厨房部分作为公共服务及配套餐饮空间，设有书房、琴房、画室、棋室、茶室、餐厅等功能性空间。

院落被重新梳理，保留具有空间属性的桂树和枣树，在东南部增加一间咖啡厅，既满足了住客的日常需求，同时也可以对外接待虹关村的旅游人群。

建筑舒适度的提升对本项目至关重要。由于建筑未来的功能是民宿，老建筑无法满足新功能所需的隔声、保温、卫生间给排水等要求。在尽量不破坏建筑传统风貌和格局的前提下，改造设计增设了上下对位的卫生间，对现有木板隔墙进行增厚，并填充了保温隔声材料，同时增设了电地暖和空调及24小时热水，保证了舒适度。

正堂设计：怀揣敬畏的创新

设计师企图在古建修复和空间创新中寻求一种平衡。对于留耕堂旧建筑部分，采取了克制的设计态度，尽最大的可能保持徽州古宅的空间精神。与此同时，通过对正堂、天井、楼梯、餐厅等公共空间的改造，保证民宿功能的舒适性。此外，在局部位置，以可逆方式置入新材料、新形态，活跃空间气氛，形成新老对话。

正堂是建筑原本最重要的公共空间，它往往起到点题的作用，是显示主人理想和品位的重要载体，在徽州古宅中具有独特的精神内核作用。新正堂的公共作用被进一步强化，结合空间新的功能和风格，重新定义留耕堂新老"主人"的情怀。整个空间以书、画、琴、茶为主题：正堂空间原有的布局被读书空间替换，地面做架空处理，两边增设书架，阅读回归低坐的形式。原空间保留完好的隔板墙被保留，成为空间的垂直界面，与新加入的家具形成对话。正堂高处的匾额"留耕堂"仍居于原处，在点题之余成为整个空间的精神源点。

正堂东西两侧原为居住空间，一间改为画室，一间改为茶室。设计团队在天井中设计了一个镜面水池，业主邀请当地艺术家以钢板为原料在水池上创作以山水为意象的装置，成为正堂的对景。天井西南侧附属空间安放了琴案，东南侧仍旧保留建筑原始入口。

客馆设计：创造现代恬淡生活

客馆与正堂平行，两进，南面一进是一个独立的空间。改造后这里被设计为一个家庭套间，有自己的天井和独立的楼梯。北面一进，南低北高，四合，东侧有小门与正堂一跨相连，西侧连接餐厅，南侧两层，北房三层。天井是空间的核心，也是此处唯一"透气"的地方。与周边古色古香的氛围不同，设计师希望引入艺术性元素，活跃气氛。最终，一组"鱼跃龙门"主题装置被悬挂在空间中，金属材料灵动地反射光线，给原本狭小的天井空间带来了灵气。

客馆北侧的三层是留耕堂民宿中最大，也最奢侈的客房。它独占一层，南侧的大玻璃可以把阳光很好地引入房间。人坐在床前，或躺在浴缸内，透过玻璃又可以将近脊远山、四季烟雨尽收眼底，虽不是古人的生活方式，但有古人的恬淡意境。

4

5

6

7

餐厅设计：实用与气氛并重

　　餐厅分为三层，一层为休闲区和两至四人小桌，二层设两个大圆桌，满足多人用餐需求，三层为茶室。在满足客人就餐需求的同时，设计师和业主还希望赋予空间一定的休闲和文化氛围。在一层，置入一个手工壁炉，略显粗犷的风格给室内平添了农家的气氛。壁炉北侧的天井，业主邀请了著名艺术家文娜创作了高 9m 的《墨神图》，将徽墨故事以现代插画方式展现出来。在点题之余，也与留耕堂整体设计思路相呼应。

　　二层设置了一间小棋室。透过大玻璃窗，棋室与客馆的天井可以互看。建筑师在棋室屋顶设计了一个筒型天窗，将天光引入室内，形成戏剧性的光圈。棋室室内素朴，并没有过多的装饰，榻榻米配以白墙，让人静心。唯一的装饰来自北侧墙面，设计师采用宣纸裱褙，背后暗藏灯光玄机。关灯时，墙面平整无奇，开灯时显示出一轮满月。

　　三层由原来建筑杂物间和屋顶平台扩建而成，可以瞭望村口大树、溪流和稻田，具有很好的视野。设计师采用了玻璃立面的处理方式，尽量使房间通透、轻盈，避免过重的体量对老建筑部分的影响。

4　正堂空间原有的布局被读书空间替换
5　客馆三层大客房
6　客馆天井中的"鱼跃龙门"主题装置
7　家庭套房独立的天井和楼梯
8　餐厅三层茶室具有良好的观景视野
9　棋室空间中隐藏的"一轮满月"
10　插画师文娜创作的《墨神图》

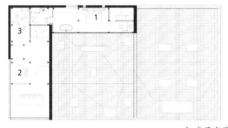

1. 亲子套房
2. 茶室
3. 儿童区

三层平面图

1. 餐厅
2. 标准间
3. 大床房
4. 亲子套房
5. 棋室
6. 洗手间
7. 露台

二层平面图

1. 正堂
2. 琴室
3. 书房
4. 茶室
5. 中庭
6. 餐厅
7. 标准间
8. 大床房
9. 厨房
10. 杂物间
11. 咖啡厅
12. 庭院
13. 户外茶区

一层平面图

院落设计：新建筑创造新场域

由于虹关村未来巨大的旅游潜力，业主希望利用院落增设一个对外服务的空间，平时作为咖啡厅使用，兼作小型会议室和教室功能。对此，设计师一方面认为是很必要的，另一方面又不希望建筑过于突出。因为，太突出的新建筑势必会影响留耕堂老宅的主体地位。

最终，咖啡厅选址在院落的东南角，以东、南院墙为边，以场地现存桂树为圆心，划出一道弧形边线。新建筑没有采用传统的风格，它更像是一个无风格的几何体。为了不"占用"户外空间，设计师希望将新建筑的屋顶也利用起来，这样，一个逐级抬高的阶梯形屋顶建筑被设计出来，下部空间作为咖啡厅及多功能厅，上部空间为屋顶平台，成为户外就餐、活动的场所。上下两个空间通过一个优雅平缓的阶梯连接，既强化了新建筑的特征，突出了老宅的主体性，又为本身平淡的庭院提供了竖向维度上的丰富体验。阶梯下部较低矮的区域，利用竹子创造了"竹林"的意象，回应了场地中原有的竹林，也为儿童提供了游戏空间。

新建筑的屋顶外饰面采用木板材质，修复老建筑时遗留的旧木料经过打磨加工后，被重新使用，设计师希望新建筑具有可持续性，建筑四面均是玻璃幕墙，保持轻透的同时，最大可能地引入阳光。内部空间朴素，家具均是可移动的，使空间可以灵活布置。

为配合新建筑，院落的景观也做了设计。平静而不刻意，是院落景观的总体思路。桂树和枣树被保留，成为院落中的制高点和中心，铺装采用徽州当地石板，引入村内明渠在院内形成小水系。老建筑是院落的主背景，而新建筑作为前景，适度分割了院落和村口广场，同时以一种环抱的姿态，凸显了桂树和老建筑立面的重要性，使庭院空间更加立体。

11 新建筑具有逐级抬高的阶梯形屋顶
12 咖啡厅吧台
13 新建筑内家具均可以移动
14 从新建筑入口看向旧建筑门头
15 庭院中新旧建筑的对照
16 老宅门外的新建筑

项目建设的意义所在

    留耕堂的改造从设计到建成历经了三年的时间，其间由于各种原因，设计几易其稿，方案也从最初的"刺激"演变到最后的"温婉"。无所谓对错，但漫长的过程也的确引发了设计师对此类项目的思考。在乡村做建筑，特别是在有历史的乡村做建筑，需要面对众多的命题。在留耕堂，如何平衡功能与气氛、当代与传统、文化与商业等一系列矛盾，是建筑师也是业主需要面对的。但他们一直坚信，气氛也是一种功能，传统在当时也是"现代"，而靠文化也一定可以带动当地经济。

泰安东西门村活化更新

用设计激活空心村

项目所在地区位环境

　　东西门村隶属于山东省泰安市,位于泰山余脉九女峰脚下,毗邻神龙大峡谷。四面环山的村落,有着俯瞰峡谷沟壑、远望山峦诸峰的天然视野。尽管自然山脉的景象壮阔无比,然而它也构成了乡村发展的天然屏障。交通的闭塞和土地的贫瘠使得东西门村逐渐与时代的发展脱节,沦为省级贫困村。村子里的年轻人大多被迫背井离乡,只留有老人驻守,而空心化现象则加剧了村落的衰败。在九女峰片区,有着类似情况的村落并不少,而东西门村则是这群村落中位置最为偏僻,也是状态最差的一个。在乡村振兴的大背景下,业主期望设计师们通过设计来激活这个空心村。

项目地点

山东省泰安市

建筑面积

3023 ㎡（存量改造）

567.56 ㎡（书房及休闲配套）

设计公司

line+ 建筑事务所、gad

主持建筑师、项目主创

孟凡浩

专业负责

陶涛（建筑）、祝骏（室内）、
金鑫（室内）、李上阳（景观）

设计团队

朱敏、胥昊、张尔佳、黄广伟、
袁栋、李三见、谢宇庭、郝军、
徐天驹、涂单、邓皓、张思思、
邱丽珉、胡晋玮、周昕怡、张宁、
王丽婕、金剑波、池晓媚、苏陈娟

软装陈设

杨钧设计事务所

摄影

章鱼见筑、潘杰、金啸文

摄像

时差影像

1 改造后的东西门村

2 多功能厅
3 泰山九女峰书房
4 泰山九女峰泡池

资源重组，流线重构

　　十余座破败的石屋，一些残存的石墙，几座曾经被用作猪圈的生产用房，便构成了项目的初始条件。在赋予废弃的结构以新的生命力之时，更大的设计挑战则在于如何可持续地为乡村带来发展的机遇和如何通过建筑为乡村盘活新的资源。为此，设计师们提出双线并行的设计策略：一是针灸式改造，在保持宅基地边界不变的情况下，以存量建筑的空间激活和原有环境的生态修复为切入点，从而实现村落的新生；二是建立公共空间，借助其媒介属性，激发流量效应。

　　经实地勘测和调研分析后，设计师们一方面延续原有村落的生长肌理，将道路、停车场、公共空间等进行重新规划，另一方面将石屋改造换新，逐一植入新功能，并构成新的路径——将入口处的猪圈改造为新的接待中心，中部地势大体量的毛石房做院落客房，资源最佳的高地势处布置九女峰书房和泡池——既是酒店的配套设施，也是该项目的突破点。

改造后的村落肌理

0   5   10   25m   N

1. 景观亭
2. 咖啡厅
3. 餐厅
4. 多功能厅
5. 客房（儿童活动）
6. 客房
7. 景观桥
8. 停车场
9. 书吧
10. 泡池

九女峰总平面图

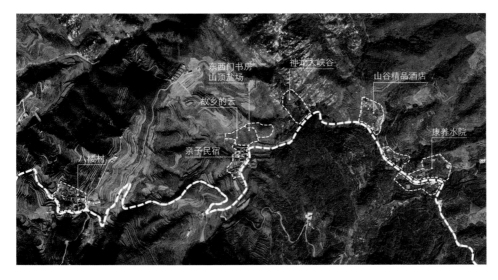

东西门书房
山顶盐场
神龙大峡谷
山谷精品酒店
故乡的云
康养水院
亲子民宿
八楼村

整体村落规划图

5

山巅浮云，云海遗贝：九女峰书房和泡池

　　"重若泰山，轻如浮云"，在北方多岩石裸露的厚重山峦之上，反差性地留下空灵的白，成为设计最初的设想。相较泰山的壮美崇高，书房和泡池分别以"悬停于山间的飘浮云絮"和"遗落于云海的剔透珍贝"的形态回应泰山云海的波澜壮阔。"云朵"书房沙漏形的飘浮体量依山就势，轻钢与膜结构体系结实可靠又轻巧的特性，以自然曲线形成精致的骨架并勾勒出轻薄舒展的造型，借助玻璃的透明性而获得人与自然的共融。
　　"贝壳"泡池以极尽简化的构造方式求得外形的纯粹流畅，大悬挑的异形曲面钢龙骨构筑行云流水般的形体，主动收纳外部流动的风景。

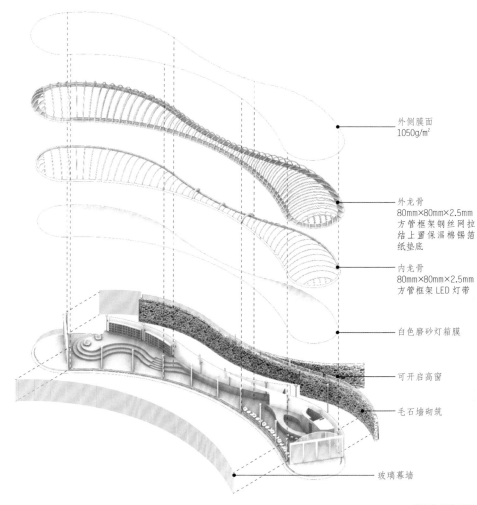

外侧膜面
1050g/m²

外龙骨
80mm×80mm×2.5mm
方管框架钢丝网拉
结上置保温棉锡箔
纸垫底

内龙骨
80mm×80mm×2.5mm
方管框架 LED 灯带

白色磨砂灯箱膜

可开启高窗

毛石墙砌筑

玻璃幕墙

书房轴测分析图

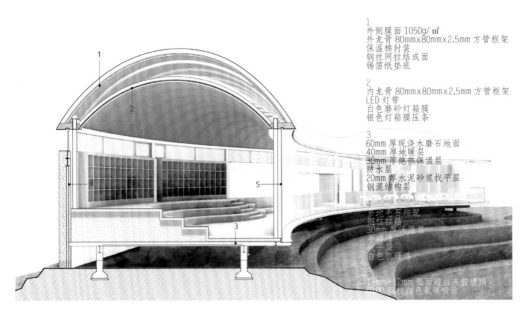

1
外侧膜面 1050g/㎡
外龙骨 80mm×80mm×2.5mm 方管框架
保温棉封装
钢丝网拉结成面
锡箔纸垫底

2
内龙骨 80mm×80mm×2.5mm 方管框架
LED 灯带
白色磨砂灯箱膜
银色灯箱膜压条

3
60mm 厚现浇水磨石地面
40mm 厚地暖层
30mm 厚绝热保温层
防水层
20mm 厚水泥砂浆找平层
钢混结构层

4
毛石砌筑
钢柱拉结
30mm 厚绝热保温层
找平层
白色肌理漆

5
12mm+12mm 弧面超白夹胶玻璃
钢柱白色氟碳喷涂

书房剖面透视图

5 书房鸟瞰图
6 书房内部
7 泡池室内

8 八号院子外观
9 八号院子内庭

十二个宅基地的新生：山奢酒店

设计前期，设计师仔细梳理毛石房和场地关系，并测绘现场留存的石屋石墙，标注和保留质量较好的部分作为锚固新建筑的重要依据，同时通过植入新的砌体结构及保温、防水等构造层次，以提高新建筑的热工性能。新的钢框架植入旧的毛石墙中，可灵活地适应一字形、L形、U形等不同院落的布局。改造设计将最简单的工业材料，以灵活的构成原则，再结合场地丰富的原始痕迹，修复十二个和而不同的单体院落，进而复原坡地聚落。

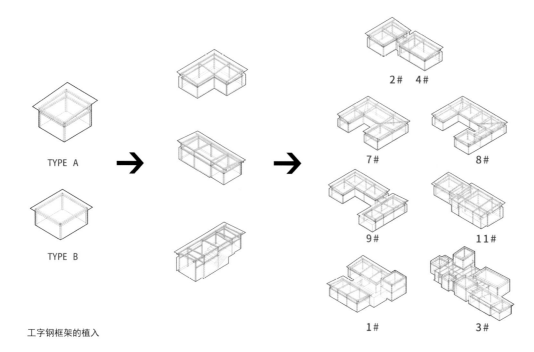

工字钢框架的植入

院落组织和功能排布

9

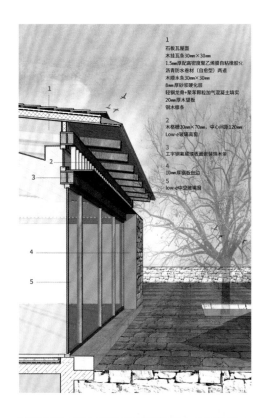

1
石板瓦屋面
木挂瓦条30mm×30mm
1.5mm厚配高密度聚乙烯膜自粘橡胶化
沥青防水卷材（自愈型）两道
木顺水条30mm×30mm
8mm厚砂浆硬化层
轻钢龙骨+聚苯颗粒加气混凝土填实
20mm厚木望板
钢木檩条

2
木格栅30mm×70mm，中心间距120mm
Low-e玻璃高窗

3
工字钢氟碳漆表面嵌装饰木条

4
10mm厚镀板包边

5
low-e中空玻璃窗

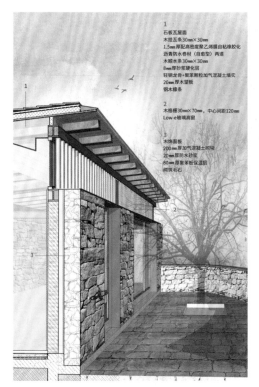

1
石板瓦屋面
木挂瓦条30mm×30mm
1.5mm厚配高密度聚乙烯膜自粘橡胶化
沥青防水卷材（自愈型）两道
木顺水条30mm×30mm
8mm厚砂浆硬化层
轻钢龙骨+聚苯颗粒加气混凝土填实
20mm厚木望板
钢木檩条

2
木格栅30mm×70mm，中心间距120mm
Low-e玻璃高窗

3
木饰面板
200mm厚加气混凝土砌块
20mm厚防水砂浆
60mm厚聚苯板保温航
砌筑毛石

标准墙身大样

10 十二号院子
11 十号院子内部空间
12 十二号院子内部空间
13 三号院子内部空间

10

14、15 改造后的餐厅
16 建筑与庭院

空间焕新：酒店接待中心和餐厅

　　针对接待中心、咖啡厅和餐厅的改造运用了不同的策略，在原有猪圈用地的基础上，现代轻钢结构的置入使得空间重获新生，大尺度的坡屋顶下通透的空间界面，强调在自然环境中建筑体量的消隐性和室内外空间的流动性。两栋处于中部地势的民居背靠山体，视野开阔，以同样的装配式轻钢结构改造为餐厅。

16

项目建设的意义所在

  2020年10月，项目整体投入运营，九女峰书房和泡池借助网络媒体的图像传播，成了当地热门的"打卡点"。项目所包含的25间客房、1间餐厅、1个书房，单月营业额最高超100万元，而游客到来的溢出效应，也间接惠及了当地村民的生活与工作。从前期策划和规划、新空间的生成，到后期的产业导入和运营，项目业主与当地的村集体共同成立公司，为当地村民提供更多的就业机会和发展机遇。而毛石房在被改造后，也在无形中使得农村的存量资产增值。本项目是典型的国有资本与当地政府合作开发，由局部带动整体的乡村振兴案例。在实践过程中，空间设计实现了文化传承与村落激活的同时，也完成了项目多方的诉求——村民的生活改善和收入增加，投资方的收益平衡和政府方新乡村振兴模式的成功。

松阳原舍·揽树山房

松阳原舍·揽树山房
人工化的自然

项目所在地自然环境

宋代诗人沈晦在《初至松阳》一诗中曾这样描写松阳："惟此桃花源，四塞无他虞。"千年以后，云雾依旧缭绕的"桃花源"里藏着100多座格局完整的古村落，被国家地理杂志誉为"最后的江南秘境"。

松阳原舍位于浙江省丽水市松阳县四都乡榔树村，场地整体北高南低，红线内高差达四五十米，是典型的"九山半水半分田"山区聚落。原始地块呈台阶状形态，夯土老房子已近倒塌或拆除，唯有几棵参天古树见证着村庄的起落更迭。

项目地点
浙江省丽水市松阳县四都乡榔树村
建筑面积
2688.27 m²
设计公司
gad、line+ 建筑事务所
主持建筑师、项目主创
孟凡浩
项目建筑师
李昕光
设计团队
朱晓铖、章洪良
结构
胡达敏、张谜、黄杰、李陶
设备
吴文坚、赵雅萱（给排水）
崔大梁、房园园（暖通）
杨美萍、王跃（电气）
室内设计
苏州巢羽设计事务所
景观设计
乡伴文旅集团
摄影
存在建筑－建筑摄影、金选民、
杨光坤、侯博文、唐徐国

1 建成后的松阳原舍

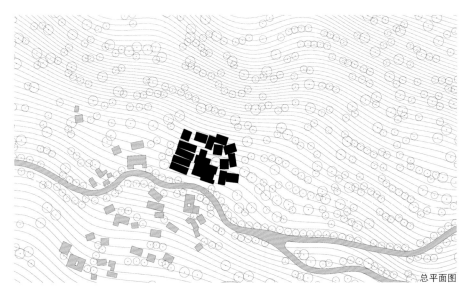
总平面图

自然与人工

　　人们所见的榔树村：山林与云海、梯台与乡舍、夯土与青瓦，无须过度装饰，就能展现出中国乡村独有的美感。而山间一栋栋承载着地道山民生活的百年老宅，随着村民生活方式与价值观的改变，在建设与发展中被破坏、遗弃。据资料记载，在2000年至2010年，每天有近300个自然村在城市化的"洪水"中"淹没"，10年内消失了90万个。项目选址于此，在为城市游人提供暂栖之地以外，也肩负着复兴榔树村的重任，寄托了人们对人类与自然以及人工环境之间关系的期望与思索。

　　中国传统村落，在"现代"到来之前，之所以能存活数千年，必定有其生命的根系和脉络。它看似散漫无序，却集成了一个地区民族文化、科技、美学、教育、民俗和信仰的有着自身灵魂的复合生命体。

2、3 建筑展现出中国乡村独有的美感
4 鸟瞰图
5 尊重原始地块现状

概念草图

面对自然与传统，设计的宗旨定位于对原始地块现状的敬畏与尊重，对原有生活方式的依赖与还原。大音希声、大象无形、大巧若拙，根据自然随形赋势，沿袭传统自然村格局，追求无设计的美感，以此实现秉承传统、复原肌理、激活村落的设计策略。

模块化功能

设计团队多次到现场踏勘测绘，以秉承最低程度破坏自然的原则，对古树与古道准确定位，不同高度台地原始标高，最终设计布局是在对无数种可能性进行尝试之后，最契合于地块的方案。

设计以类型学将公共区域、集中式客房和独栋别墅三种功能空间模块化。避开古树，置入各功能模块。依据原始地形，模块以最大可能放置在原始台地标高上。公共区域层层叠退，客房化整为零，化解建筑的体量感。再依据等高线走向、景观、视野的不同进行高度和角度的微调，保证隐私性的同时实现最大化的景观体验。

33间客房，配备接待大堂、图书阅览室、餐厅厨房、恒温泳池的公共区域，2688 ㎡ 的建筑面积，对于一所山间民宿无疑已是巨大的体量。设计以一层或两层的客房错落有致地散落山间，四层公共区域以片层形式贴合地形延展，弱化体量的同时，创造出一系列观景露台。各层建筑的顶面和地面与不同高度的山体衔接，层层展开，建筑如从山中生长出来，以最轻柔的方式贴合于山地，隐现于景观。

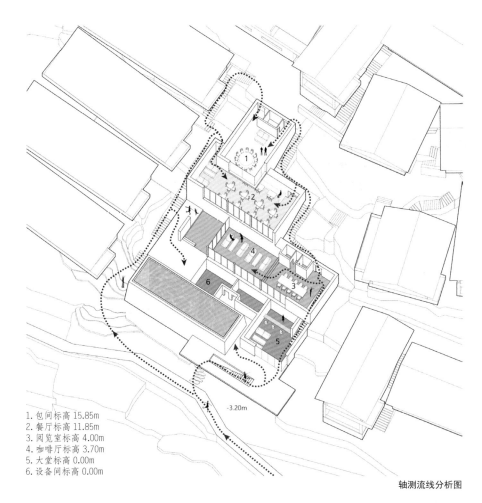

1. 包间标高 15.85m
2. 餐厅标高 11.85m
3. 阅览室标高 4.00m
4. 咖啡厅标高 3.70m
5. 大堂标高 0.00m
6. 设备间标高 0.00m

轴测流线分析图

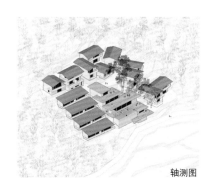

轴测图

6

剖面图

6 客房建筑外观
7 客房路径

8 客房建筑外观
9 材料以当地毛石和夯土为主
10 步移景异、曲径通幽的游山之趣

材料与形式的有机结合

公共区域的大悬挑板，由木模板混凝土一体浇筑而成。建筑师希望通过对结构设备的细致处理，强化空间的纯粹性。为满足保温标准，采用200mm厚混凝土承重墙、80mm厚保温岩棉、120mm厚混凝土装饰墙组成的夹心墙。为在不设吊顶的情况下隐藏管道与空调风口，在不影响空间效果的位置设计净宽600~1000mm的设备空腔，将空调等设备藏在里面。

客房采取坡屋顶形制，材料以当地毛石和夯土为主，延续传统生活与文脉。在这里，并没有宏大叙事的建筑空间，也没有昂贵繁复的材料做法。每一栋山舍的夯土、垒石、小青瓦，是建筑材质、立面造型，更是山里的生活的体现。

9

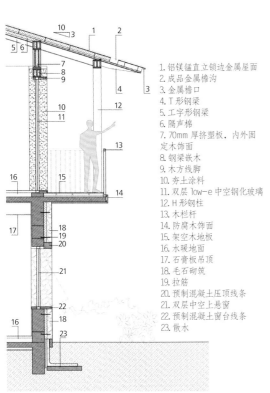

1. 铝镁锰直立锁边金属屋面
2. 成品金属檐沟
3. 金属檐口
4. T形钢梁
5. 工字形钢梁
6. 隔声棉
7. 70mm 厚挤塑板，内外固
定木饰面
8. 钢梁嵌木
9. 木方线脚
10. 夯土涂料
11. 双层 low-e 中空钢化玻璃
12. H形钢柱
13. 木栏杆
14. 防腐木饰面
15. 架空木地板
16. 水暖地面
17. 石膏板吊顶
18. 毛石砌筑
19. 拉筋
20. 预制混凝土压顶线条
21. 双层中空上悬窗
22. 预制混凝土窗台线条
23. 散水

墙身大样图 1

1. 不保温不上人屋面，卵石散铺
2. 成品金属檐沟
3. 保温不上人屋面，卵石散铺
4. 10mm×10mm 金属凹槽滴水
5. 木模板混凝土，裸露混凝土肌理
6. 双层 low-e 中空钢化玻璃
7. 拉索栏杆
8. 保温上人屋面
9. 200mm×200mm H形钢柱，黑色氟碳
喷涂，内嵌防腐木
10. 空调进出风口金属百叶
11. 设备空腔
12. 轻质混凝土填充

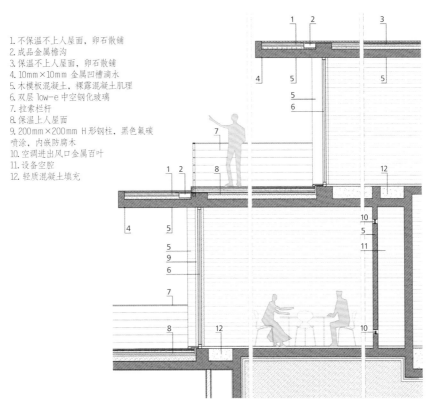

墙身大样图 2

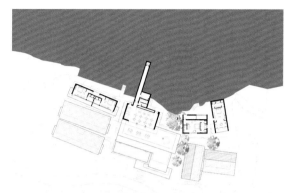

平面图（7.900m 标高）

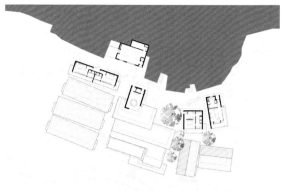

平面图（11.850m 标高）

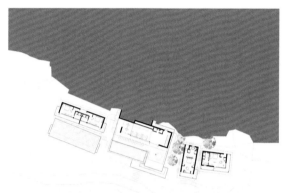

平面图（3.700m 标高）

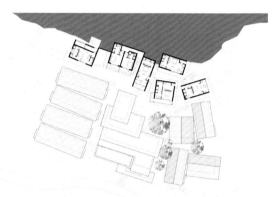

平面图（15.850m 标高）

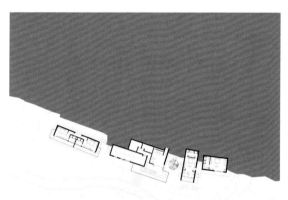

平面图（±0.000m 标高）

平面图（19.650m 标高）

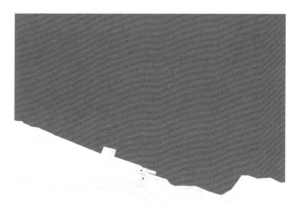

平面图（-3.200m 标高）

屋顶平面图

11 观景平台
12 游泳池平台

项目建设的意义所在

　　建筑背山面谷，卧于一方宝地，树木遮掩，若隐若现。由毛石砌筑的台阶拾级而上，巧妙的动线设计让来访者的视线在远山和背山间迂回。爬坡、仰望、转折、远眺，在空间里营造步移景异、曲径通幽的游山之趣。

　　这是一家民宿，也是人们从城市里来到山野中的一个家。在这里慢下脚步，看一缕晨曦，古木环绕，满目青山，云卷云舒。在层层梯田之上的不只是简单散落的大小民宿，更是将传统聚落肌理含于其布局，将椰树村的传统文化根植于这片土地的居住容器，提供的是一种融合了当地文化与现代文明的栖居方式。

　　松阳原舍以全新的民宿模式、乡村生态社群为出发点，通过异质同构的村落肌理、依势而建的自然村庄，旧与新、自然与人工、精致与素朴以及阳刚与阴柔，建筑师以谦虚之姿态回应自然，寻求平衡妥帖之美，构建新乡村社区。

松阳原舍 · 揽树山房

元门清溪·小学民宿改建

元门清溪·小学民宿改建
废弃小学里的民宿新空间

项目所在地自然环境

　　穿过喧嚣的偏岩古镇，是零落的两三个村庄，以及层层的田。顺着黑水滩河一路溯源，行进于山林水库的小径。小径上游可以抵达金刀峡水库，下游则抵达偏岩古镇乃至重庆。再绕过一道弯，首先映入眼帘的是一座时间久远的石拱桥。桥拱之下的一侧岩石，被凿开几个洞窟，摆放佛像，成了村口的一座小庙，洞天福地。从桥上环绕下来，穿过拱洞小庙，就能发现这座废弃的建筑，伴着几株黄葛古树映入眼帘。

扫码观看项目视频

项目地点
重庆市北碚区

建筑面积
1300 ㎡

设计公司
九七华夏 KAI 建筑工作室 +
SILOxDESIGN

主持建筑师
谢凯、王浩、李萌、孙智青

设计团队
陈春平、苏佩卿、赵军光、王凯平、
刘玉涵、黄鹏鹏、刘立超

项目管理
洪金聪

灯光设计
辛格尔（北京）国际照明设计有限
公司（TLD Lighting Design）

结构配合
重庆市建设工程质量检验测试中心

施工团队
业主自筹自建

摄影师
金伟琦

摄像
王浩

1 对岸眺望

2 西侧次入口穿过屋顶的黄葛古树
3 桥拱之下的五通庙和改建之后的建筑
4 改建后入口处巨蟒般的树干

石桥、水湾、庙窟、古树、废弃建筑，构成设计师初次看到场地的整体印象。废弃的建筑原来是座小学，走进一间间教室，黑板面、宣传栏、粉笔盒、镶嵌的瓷砖地图，往昔的历史在建筑中留下了斑驳的痕迹，又像手纹一样藏了起来。

总平面图

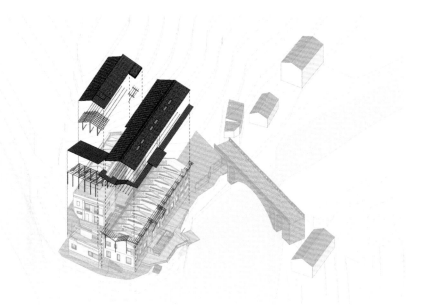

元素分解图

改造策略

场地现状的三座建筑中，前排的南楼为两层建筑，上下各四间教室；后排的北楼为三层建筑，除了一翼为教室之外，其余小开间为教师办公室及宿舍。南楼和北楼为砖混结构，由于地势原因，南北错了一层高差。西楼的年代更为久远，主要构成为石块垒砌的墙体和木梁搭建的楼板。

4

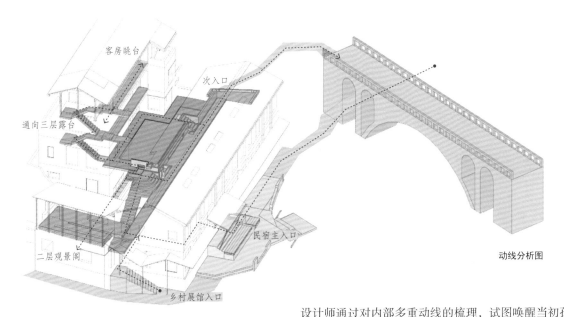

客房眺台

次入口

通向三层露台

二层观景阁

民宿主入口

乡村展馆入口

动线分析图

设计师通过对内部多重动线的梳理，试图唤醒当初孩子们在这一高高低低的场所中游玩嬉戏的场景，以及通过攀登、环绕、遮挡、凝视，获得周围不同景观的视野。

5 树木从新建坡顶中穿过，像是要把建筑举起来
6 南楼通向北楼的台阶被保留下来，由暗到明的转变
7 在高处，风景变得通透与敞亮，也可以俯瞰低处的庭院与瓦房
8 西楼和北楼之间的一株黄葛树，近景是这株树木地下树根的分叉

改造从重新梳理动线开始。南楼由于地势较低，加之古树环绕，如果从此处进入，通过楼梯爬升，会有一种逐渐明亮的上升的环境变换。为强化这种环境的转变，在拆除西楼的二层后，决定不进行客房扩建，而是打通视野，仅搭建一个单坡屋面。

结合开辟出来的庭院，流线到了西侧的尽端，经过最后一个单坡屋檐的压低，穿过一道矮墙之后，视窗被急剧放大，近处的溪流、远处的山体、散散落落的村房都纳入眼底。动线的转折、低处的阴影隐匿、高处的阔朗通达，使这里成为身体感知的"放大器"。

事实上，这条动线改变了很多。主入口的偏移，西边打开的视野，两条次流线出入口被小心地隐藏起来。三座房屋，以及四棵黄葛树的关系得以重置。

在元门清溪·小学民宿里，结合地形、动线的编排与庭院的挖掘，为它的多次解读打开了可能性。高低不同的身体姿态，每一次转身，都提示着物体和身体的关系。视线和存在，来访者以一种不熟悉的方式看到熟悉的东西，也许是一种难得的体验。

9

9 庭院内景
10 内侧坡顶结合景观水台的雨水疏导
11 俯瞰旧瓦屋面，水庭与格栅屏风，宽大石台下是排水管廊
12 雨水经引水台后流入庭院中的水池

庭院设计

作为动线上节奏转化的重要节点之一，由客房围绕的庭院还要保证一定的隐私性：以两排楼之间的空地为核心，三栋建筑围合起来，塑造一个带有高差的环绕的庭院，通廊将不再孤立，而成了庭院的一部分。新的改造在东侧结合高差打通了一个向上的台阶通道。如此，廊道不再是尽端而是可以环绕的。

在庭院铺上薄薄水面，水面的反射将景色纳入庭院。与此同时，在有高差的界面处，间距6cm的菱形松木格栅划分了庭院，同时也模糊了前楼廊道和后楼庭院间的距离，确保了一定的隐私性。扩建的屋面适当延伸了接近1m的距离，强化了庭院的围合感。垂下的格栅距离台地0.6m，对于下侧的廊道中的人来说，视线得以水平展开。

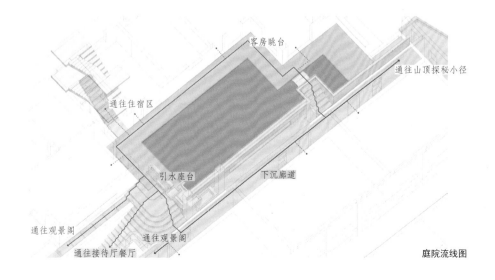

客房眺台
通往山顶探秘小径
通往住宿区
引水座台
下沉廊道
通往观景阁
通往观景阁
通往接待厅餐厅
庭院流线图

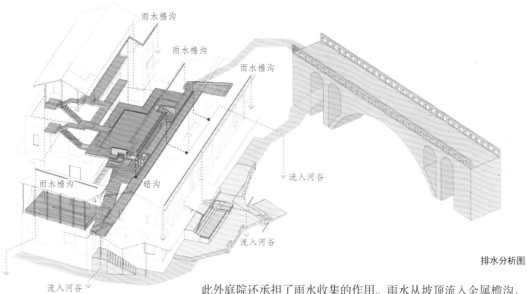

雨水檐沟

雨水檐沟

雨水檐沟

雨水檐沟

暗沟

流入河谷

流入河谷

流入河谷

排水分析图

此外庭院还承担了雨水收集的作用。雨水从坡顶流入金属檐沟，通过竖直铁链被引导进一个层层跌落的混凝土引水台，减缓了冲击力之后，雨水流入庭院中的水池，通过暗沟，最终排入河谷。

客房设计

元门清溪·小学民宿 13 间客房由原有的校舍改造而来。南楼的标准教室尺度设计为带有夹层的客房，窗口面向溪流与古树；北楼西翼的音乐教室设计为三面景观客房；其余办公室和员工宿舍根据面宽进深设计为一到两开间的标准间。所有客房的阳台或窗口，塑造出不同的景观视野。

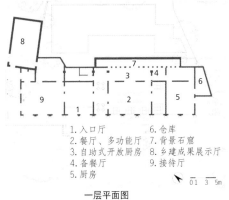

1.入口厅
2.餐厅、多功能厅
3.自助式开放厨房
4.备餐厅
5.厨房
6.仓库
7.背景石窟
8.乡建成果展示厅
9.接待厅

0 1 3 5m

一层平面图

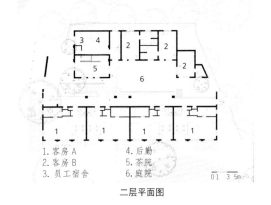

1.客房A
2.客房B
3.员工宿舍
4.后勤
5.茶院
6.庭院

0 1 3 5m

二层平面图

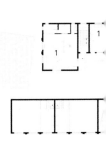

三层

13 南楼大教室客房型，入口处桌台与后面的阳台
14 南楼大教室客房型
15 北楼大教室客房型
16 公共餐厅
17 将背后的山体岩廊作为自助厨房的操作台面的背景

对于公共餐厅及民宿接待，南楼一层将四间教室的横墙适当打通，并进行结构加固，最大化地加强了这里的公共开放性。结合运营，公共餐厅也设有自助式厨房，原有内侧支撑山体的岩廊结构暴露出来，作为自助厨房的背向，而窗外的水平风景则刚好面向餐厅，为用餐的人提供了很好的视觉体验。

楼客房

1.四楼客房

四层平面图

屋顶平面图

门窗设计

　　建造一扇窗户，最基本的建筑问题是采光、通风、观景。设计师们希望采取一种形式，获得建筑学意义上类型的统一：将以上功用分开来，通风作用的部分可以置于下侧或偏侧，按照实际需求满足通风量即可；同样的道理，采光玻璃的横框可以置于高处，如此则可以确保视野的最大化。

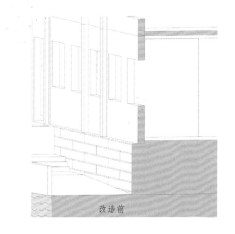

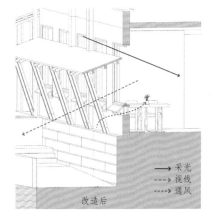

改造前　　　　改造后

→ 采光
⇢ 视线
⇢ 通风

改造前后的窗系统

　　具体来说，二楼客房需要敞亮，新置入的木窗，上部直接利用旧有过梁固定，而下部木质的窗下家具结合通风移动扇，中间用大的固定玻璃将光线较好地引入室内。一楼则刚好相反，餐厅需要荫翳柔暗的氛围，这样坐在窗边的餐者可以更为仔细地识别窗外景色。一种类似两分窗的措施将外部的景色分割，上部承担采光作用，中部为获得视野用披水屋檐压低视线，下部则为通风采光。

　　随着人们所处角度的改变，通过台阶、屋檐、窗洞、瓦片，人们得以重新去观察这几棵树与河水、拱桥的具体形态。

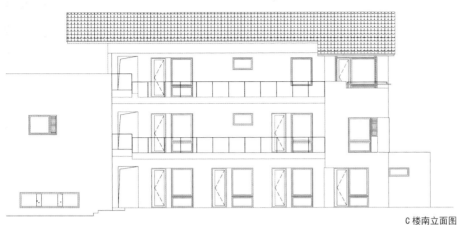

C 楼南立面图

项目建设的意义所在

在设计之初，设计师们就已经明确了改造的目的所在，其中需要恢复的不是那无可考据的物质形式及轻易获得的具象物件，也不是一个植入住宿功能的旧有学校的怀旧布景。他们希望通过改造唤醒人们对童年时代的情感，提高建筑的使用价值。

18 接待厅侧窗外的折型坡屋
19 接待厅窗前通风横窗与水平雨檐，使得风景归属于游客
20 从北楼二层客房内透过门窗看前面的旧瓦屋顶
21 从桥上看民宿入口

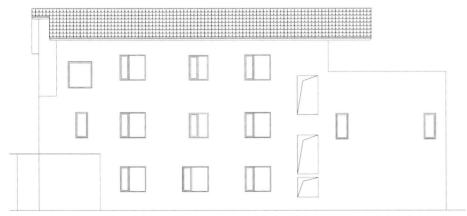

C 楼北立面图

杉语民宿

在森林中呼吸，聆听杉语

项目所在区位及设计背景

  杉语民宿位于重庆市南川区山王坪镇，毗邻国内首个喀斯特生态公园山王坪森林公园，项目周围拥有丰富的杉木资源，夏季平均温度 19.6℃，气候凉爽，这种稀缺的自然状态营造了场地自然栖居的氛围，为当代人释放都市所带来的压力提供了安放心灵的栖息空间。项目是一个建筑面积 1402.4 ㎡的改造项目，由海力设计公司团队从建筑到室内软装一体化设计。项目场地的前身是一座极具年代感的旧楼，场地原始的村落风貌和建筑形式保留得相对完整。

项目地点
重庆市南川区山王坪镇
项目面积
1402.4 ㎡
设计公司
海力设计公司
主持设计师
冯焕辉、赵强
摄影
偏方摄影工作室

1 利用原本废弃危房进行项目改造，
杉语完工后的实景

2 南川山王坪银杏林场
3 杉语完工后从高处侧拍实景照
4 杉语民宿周围的水杉林

设计思路

2017年初，甲方邀请海力设计团队去考察场地建筑是否有建造成民宿的条件。期间，海力设计团队给了甲方很多建议。从破旧危房到景区民宿，设计与施工的过程遇到了很多挑战：项目原有建筑户型十分不合理，如何将其改造成适合民宿的布局？建筑墙体为夯土石灰墙，存在松散掉灰现象，如何在保证美观性与实用性的前提下，加固墙体？建筑与软装陈设上的各种关系又如何协调？最后设计师立足于场地保留的年代建筑，希望通过改造，能够在自然中创造传统与现代并存的全新居住空间，并将传统建筑与现代艺术进行内化赋形，使其变为可观、可感的形体与符号，渗透到空间中去。项目内涵是对乡村文化的保留与尊重，然后置入新度假模式之中，塑造一种独属于乡村的自然生活状态。

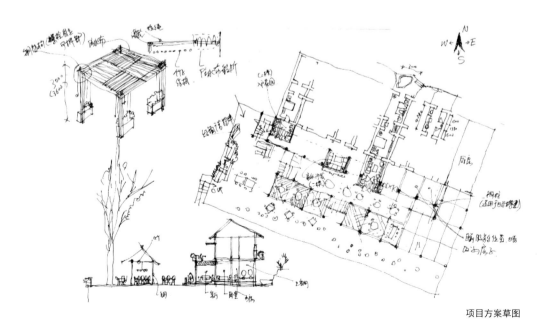

项目方案草图

房屋斜侧面模型图

房屋远观模型图

房屋背面模型图

房屋正面模型图

5 用石墙将项目建筑周边树林围合，做成露天咖啡馆
6 将岩石艺术化处理，打造为客房后院，房曰：竹隐
7 露台区域以大面积留白的体块构造，辅之以棕竹编制天花，房曰：天青
8 室内软装采用极具特色的侘寂风格，让记忆留存在摩挲之间
9 呼应木质结构，陈设叠加、交错带来视觉上的多维立体感

室内设计

　　室内空间的设计灵感，源自于"侘寂（wabi-sabi）"，以接受短暂和不完美为核心的日式美学艺术。设计呼应传统木质结构建筑顶层，在空间中利用软装陈设的旋变、叠加、交错的体块带来视觉上的多维立体感，丰富着空间的表达，彰显自然主题的柔和性与舒适度。卧室空间极具乡野韵味的床具旁，搭配着棉麻质感的陈设品，当自然风透过景观台吹拂而过时，空间更为空灵纯粹，令人欣然舒惬。空间中的硬软装上无过多杂色与线条组合，整体呈现出和谐的温润色系，打造出一处放松心灵的安逸空间。挑高的空间架构中，通过天花与墙面连续的设计，塑造出空间整体风格的延伸性，各个区域的转换自然而流畅，从而打破了常规民宿空间的形制特点与界分感，简单中加入微妙的转折，呈现出简净大方的当代气息。空间色彩的搭配沉稳，在材质上也呈现出简约而质感丰富的调性。设计以温和的大地色系筹，软包皮质沙发选取雅棕色，兼有阳光的调和，空间气质纯粹而平和。空间内的线条元素呼应着空间脉络，家具的形制延续硬装体块的线性语言，营造出游走在自然之间的美感。充满禅意趣致的摆件装点其中，自然的艺术让空间活力倍增。露台区域以大面积留白的体块构造，辅之以棕竹编制天花，令空间视效在简单中有层序感，有一种林野般的温暖、闲适与恬静，同时也极具昂昂生机与灵动美。将整块玻璃悬挂在天花之上，自然光线透过其上，像湖面上倒映的月影般清凉。玻璃窗与外景融为一体，丰盈空间情调。纯净的形式、充满活力的线条、原木色的碰撞，赋予空间宁静而富有节奏张力的气质。通过室内的设计，表现出空间丰富的层次感、转折自然的秩序性，围合出空间典雅大气之感。

8

9

10 公共的餐厅沐浴在阳光里，用树林作画，生活成景
11 公共阅览室收藏了杉语主人最爱的书籍，与人分享是一种快乐
12 延续建筑体感将木质引入室内，房曰：清泉
13 室内的天空呈现颇有艺术感，将整块玻璃悬挂在天花之上，让自然光线透过其上营构的形影与色彩，房曰：栖云
14 室内盥洗区
15 房间内的小客厅区域
16 公共吧台区，有下午茶、咖啡、美食供应

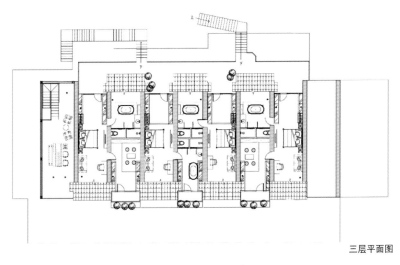

三层平面图

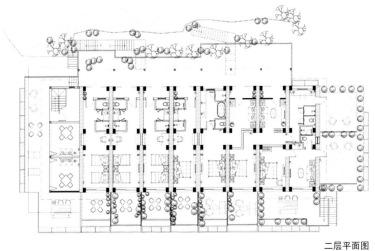

二层平面图

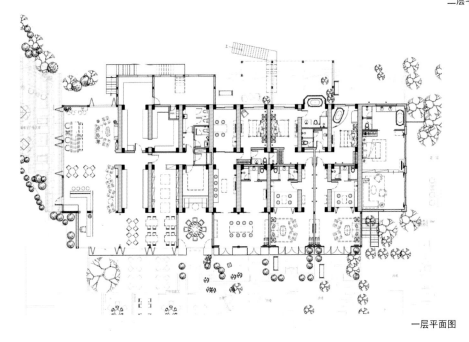

一层平面图

17 杉语外的大块场地，用小石块构造出曲折蜿蜒的步道，
步行于上听自然的声响

项目建设的意义所在

　　海力设计团队希望保留建筑古旧时代感的同时，融入现代艺术的技艺，打造一种"虽由人造，宛若天成"的人与自然、建筑与室内融为一体的美学空间，使得建筑与室内空间更有向传统回归的价值取向，更让人在自然中，想起小时候故乡的情怀。项目周围的杉木林被悉心保留，围树而建的场景唤醒了人们对自然、对故土的归属感。这处院落也以之为名唤作"杉语"。

房屋正侧面模型图

悦驿民宿

融于山林的民宿聚落

项目所在地区位环境

    项目位于湖北省黄冈市罗田大别山区，海拔近 800m。从省道上山，蜿蜒而上约 20 分钟车程，忽见一小型水库，基地即位于水库对面的山坡上。基地坐东朝西，东后侧为高山，最高海拔约 1200m。场地环境优美，树林繁茂，上山到达基地的路程，即是从喧嚣达到静谧的过程。

项目地点

湖北省黄冈市罗田大别山区

项目面积

1581 m²

设计公司

UAO 瑞拓设计

设计团队

李涛、陆洲、李龙、龙可成、
孔繁一、张杰铭、晏罗蒂、王纤惠、
姜海洋、申剑侠、李莉霞

摄影

此间建筑摄影

1 南侧水库对面视角（一）

2 南侧水库对面视角（二）
3 客房区夜景东侧视角
4 项目鸟瞰
5 接待中心

原项目存在的问题及解决方案

　　基地原有几栋民房，前一个设计单位在原址上重建了几栋一层客房。UAO瑞拓设计公司接手后，第一时间踏勘现场，发现原设计最大的问题是建筑之间的视线遮挡严重，只有第一排建筑的视线没有被遮挡，后排建筑的视线均被前排建筑遮挡，这说明原设计根本没有思考利用现场起伏的地形高差来营造视线错开的可能。但此时建筑已基本封顶，拆除已不可行。再则原有室内设计风格过于偏向城市酒店的风格，缺乏度假感。如果向外的优越视线已被浪费，向内的度假品质又极度缺乏，那该如何发掘项目该有的特质，并提升项目的调性？

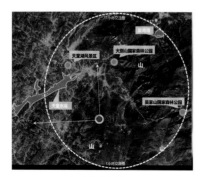

现状分析图

区域交通分析图

旅游资源分析图

UAO 决定从景观入手，提出"用景观的丰富性对抗建筑的单调性"，一是强调周边山林的背景与基地环境的融合，通过对场地大竖向、水系和植物群落的梳理，让场地建筑拥有如同原来就存在的感觉。二是丰富已建建筑的院落空间，重新梳理其入院路线，虽然外部景观已被前排建筑遮挡，但希望优化院内景观，使房间内视线有小景可看。三是修改原有建筑窗户的方向或大小，避开杂乱的景观，引入有意思的框景景观，让游客看到设计师想让他们看到的景观。

场地大量使用当地产毛石作为景观材料，并聘用当地农民制作竹子栏杆和廊架。建筑设计不去追求每一栋建筑的独特性，而是去强化几栋建筑的聚落关系，通过院落的围合、台地的设计，将村落的感觉发挥到最大。建筑屋面瓦改为当地农舍的小青瓦，UAO对外墙原有材质的修改，最开始建议为夯土砖。因为在现场周边，当地农舍均由夯土砖建造。为验证夯土砖的可行性，UAO尝试自制夯土砖，用米汤、稻桔梗、黄土调制，三天养护阴干，尺寸为150mm×150mm×300mm。但由于工期受限，后改为夯土涂料，并制作样板。门窗选用断桥木纹铝合金，以达到保温和色泽都能兼顾的需求。

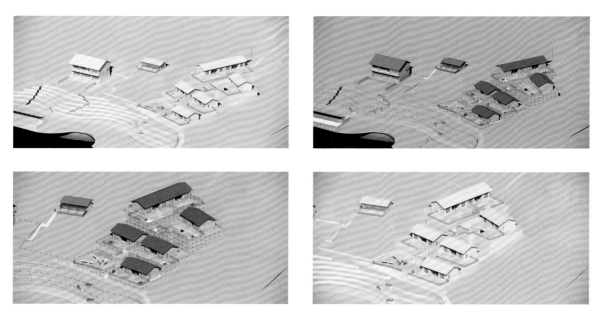

轴测图

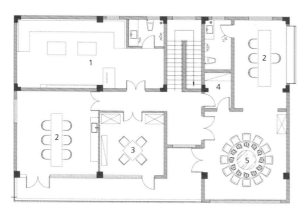

接待中心二层平面图

1.KTV
2.茶室
3.麻将房
4.备餐间
5.包房

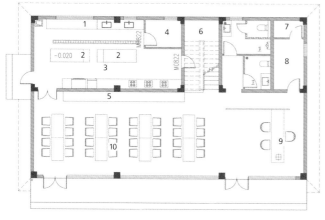

接待中心一层平面图

1.备餐台
2.操作台
3.厨房
4.储藏间
5.自助餐台
6.储藏室
7.弱电机房
8.物品寄存处
9.前台
10.散厅

6 客房院落
7 接待中心一层

室内设计

室内设计转换原有较城市化的风格，结合坡屋顶的外部造型，在内部重现木梁、木柱。木梁、木柱为集合木，顶棚选用藤条装饰。室内设计的难点是结合已经分隔好的卫生间隔墙做出新的布局，以营造度假感。接待中心将一层面向水库的墙体完全打开，改为落地推拉玻璃门；二层的包房也强化对水库边景观的朝向；茶室则增加方窗或圆窗，面向室外的景观植物——芭蕉和竹子。这些操作，都是"景观最大化"设计原则的体现。

7

　　无论是场地的梳理，用景观的丰富性缓解建筑的单调性，还是强化建筑群落关系，改变开窗方向和大小来朝向主要景观方向，以及室内木结构的还原，这些设计步骤的执行，最后都指向了一个最终的原则——打造一个和山区环境融合的建筑聚落。虽然是新建，但让游客觉得这个聚落已在现场存在了很多年——呼应场地，依坡就势，不破坏原有生态环境，低调地融入山林。

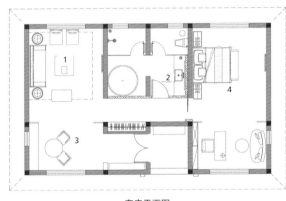

1. 起居室
2. 卫生间
3. 餐厅
4. 客房

套房平面图

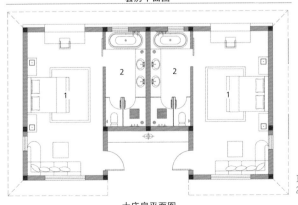

1. 客房
2. 卫浴

大床房平面图

8、9 套房卧室
10 接待中心二层包房茶室
11 套房客厅
12 接待中心二层茶室
13 套房茶室

项目建设的意义所在

项目建成后，山林生态更趋完美，民宿成为都市居民日常休闲的打卡胜地，也吸引了周边的农户回乡创业，盘活了山下、山上的农家乐项目。

三卅民宿

传统院落里衍生出来的村中村

项目建设初衷及周边环境

　　"三卅"，原名"第三故乡"，意指为一种特殊人群而创造的第三种社会空间，以帮助人们找寻属于自己的那一种舒适距离及精神氛围。项目便以这样的初衷，在距慕田峪长城步行 40 分钟左右的一块面积约为 2300 m^2 的原村落燃气站空地上开始了。

124

项目地点
北京市怀柔区北沟村
地块面积
约 2300 ㎡
建筑面积
约 1600 ㎡
建筑设计公司
11Lab. | 叙向建筑设计
建筑施工图团队
中机中电设计研究院有限公司
景观设计深化团队
上海滴翠园林绿化有限公司
建设方
叁舍民宿（北京）文化管理有限公司
摄影
Fernando Guerra | FG+SG

1 西侧深院

项目原本的设计思想是在这个被多家国际知名媒体评为"中国十大最美村落"之一的地方，围一座乡村绿洲，为拜访者提供所谓回忆里已流逝的生活点滴。可这样的温故，对文化底蕴挖掘尚浅，于是，设计师们延续了村庄现有的空间排列肌理，依然是一座建筑，将屋顶按村落格局打碎，创造了更合理的空间规律与秩序。颠覆千篇一律的乡村度假村的建造观念，希望用一种衍生的"村中村"的概念，给予这片土地应有的生命力。远见不谋而合，"村中村"的概念便开始经历长达四年有余的生长过程。

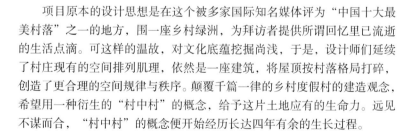

项目所在地区位图

三卅民宿和村落手绘图

设计原则

遵从村落现有建筑的基本元素及体量分区，在细节上做简化处理，以便于在呈现的过程中能够让本地的资源得以运用，又可以在整体韵律上，让过去与现实生活的节奏找到一些贯穿的感受。

2 屋檐与远景长城的呼应
3 南侧鸟瞰夜景
4 院落一隅
5 屋线和二层平台鸟瞰图

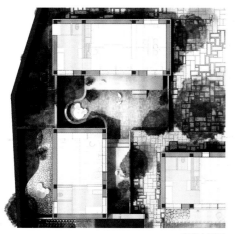

院落户型图

材料的使用

  设计师们尽可能地就地取材，材料以真实为本，不推崇装饰主义，以本真的形式展现，风吹日晒使材料更显底蕴。老石板的景观地面铺装、私院的渗水红砖、建筑墙根的石砖连接、建筑墙体红砖、青砖的搭配使用，让相对凝重的材料特性及庄重的建筑几何形态，呈现出了悠闲又安静的感觉。

6 南侧看向大堂视角
7 南侧院落的交错

实现过程

　　整个项目建造的过程，就是不断地尝试、自我追求、自我推翻的成长过程。村里的房子，只有有了本地村民的参与，才会有它真正的根，才能真正融入成为村落生活的一部分。建造团队的搭建，充分融合了现代的管理和村民的实践，从建筑的设计、制图、沟通，到制作样品、现场测试、纠错、重新理解、再制作，反反复复的尝试，使整个团队形成了一种共同的价值观。这种自我追求的理想型价值观，也许是实现过程中最值得提及并对建筑设计的实现有最根本帮助的因素。

立面图

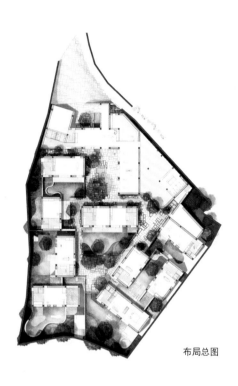

布局总图

8

9

生态设计

　　设计的布局，目的在于使建筑和院落的生态性有不一样的表达，在北方却区别于北方，以人性为理解基本，从而在一定程度上打破体验者传统的固有思维方式。文化与生活方式的延续当然是需要的，但是墨守成规地遵循和盲目发扬，却是没有意义的。设计师们希望用这种看似挑战北方人与空间交流的舒适极限的方式，给这里的体验者带来另一种对于生活的思考：可以觉得这样的院落类似南方，可以觉得是南北建筑的混搭，也可以觉得这里私密性不够，更可以觉得它还掺杂了异域的元素。可是，也就是这样的思考，已经为这样的布局带来了具有自我批判性的生命力。这种"院落邻里"的生态，也许是"三卅"能够帮助来这里的人们重新审视生活，重新看待乡村建设的初衷和手段的最佳途径。

8 中心户型主院向东景色
9 深色调的面向长城景观的客房
10 俯视全景

项目建设的意义所在

当看到乡村美景里矗立着一幢美好的建筑时，请不要太草率地立刻就提及放弃了什么，为了什么千篇一律的禅意，也请不要再鲁莽地定义这是什么风格的建筑。禅，不是一个表象的词语，也希望来访者能够严肃地去理解和批判，这样才给了这些生命更多应得的尊重。坐在院子里，当你不再被邻居干扰，当你可以再次享受星空，当你竟然可以忘记时间却还坐在原地的时候，就是"三卅"最美的时刻。"三卅"是一种对艺术的重构，也是对地域文化的尊敬。

古杏山舍民宿
银杏树下的一片净土

项目所在地区位特征

　　项目基地位于戴云山脉深处的泉州最北的小山村丁荣村，村庄是远近闻名的银杏村，27 株三四百年的古银杏树点缀在村庄的屋前屋后，每到晚秋、初冬时节，一棵棵金黄的银杏点缀在成片的阔叶林之中，与闽南山地古民居共同构成了独特的乡野风情。古村落四周遍山的竹林，像是在保护着这片古老的净土，因地理位置特殊，交通不便，数百年来不被外人侵扰，得以保留原始的自然风貌。

項目地点
福建省泉州市德化县杨梅乡丁荣村
建筑面积
500 m²
设计公司
厦门回应设计工作室（RESP Studio）
主持设计师
陈延安、周伟栋
设计团队
游兰兰、林勇、叶明鸿
摄影
赵奕龙、黄谷莹、RESP Studio

1 "古树、远山、院子"老宅新生

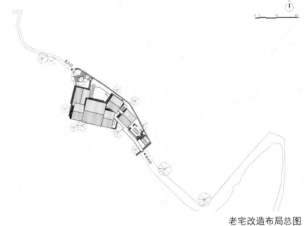

老宅改造布局总图

基地印象

　　老屋是闽南典型的"三合天井"型格局，天井外一株三百多年的银杏树守护着老屋。紧靠主屋东侧外，有一处柴火间和一间茅厕，再往东便是成片的竹林，竹林下有一条小径蜿蜒连接着外部村道。厅堂体量较高，两侧厢房低矮。老屋的小房间和厨房门窗可封闭，较为阴暗，其余的厅堂和走廊均对外敞开，明亮且通风，古树、院子、外廊、台阶、远山，这些元素构成了老屋的每个场所画面，在这些画面中行走犹如游走在小村落里。老屋的建造方式结合了抬梁式和穿斗式，中厅的屋架是屋子中保留最完整和精美的地方，梁柱结构清晰，其余部分破败得比较明显。

设计思路

村庄地处山地地形，当地民居依山而建。项目场地东西向狭长，南高北低，坐南朝北。设计的布局延续着村庄肌理，主屋与附属建筑沿着用地东西向展开，修复原本破碎的场所，使建筑风格融入村落，建筑体量化整为零，与周围环境更好地融合。"古树、远山、院子"成了设计的主要线索，运用内外空间的转换和渗透来回应局促的用地，五间居舍集中在主屋，去往茶室、餐厅、厨房、卫生间需要经过室外，此做法延续老屋的方式，利用一些"不方便"来回应乡村与城市的差异，形成一些"游走"的巷弄。巷弄与古树、建筑、水面、竹子多方向的切换，拉大了体验路径，放大了空间效果，丰富了场所，犹如游走在小村庄内，延续老屋的空间体验。

古杏山舍民宿

2 最北丁荣银杏村落鸟瞰
3 银杏树守护着老屋
4 隐于深山自然中的民宿
5 布局延续着村庄肌理
6 "游走"的巷弄空间
7 树、水、院、建筑延续老屋的空间体验

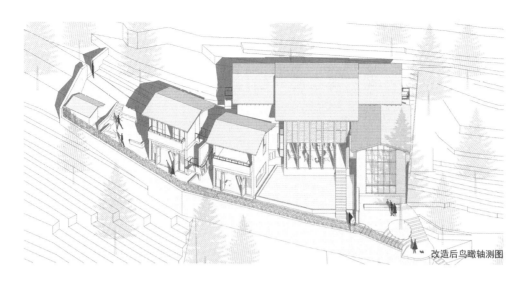

改造后鸟瞰轴测图

8

古村落位于海拔较高的地方，交通不便，房屋建造生态且原始，拾取山涧里的卵石做墙基，用木头搭起屋架，由双面竹藤黏结生土抹墙面，屋面覆以小青瓦。设计回应当地建造元素，运用竹子栏杆、竹编天花、青瓦屋面及灰泥外墙等建筑材料，结构上运用钢结构方式演绎木结构手法。

9

10

施工难度

屋主提出希望延续老屋记忆，建议保留中厅屋架，借"新"与"旧"的对话，形成"屋中屋、房中房"的效果，给施工带来比较大的困难。设计师在工艺上对破败的旧木构架进行微处理，保留历史的痕迹，老屋架从此被保护起来，作为大堂吧的室内空间构成要素，成为一个历史讲述者和当下与过去的纽带。老屋是本项目的精神空间，未来也可以作为乡村展厅、乡村博物馆。

8 钢结构方式演绎木结构手法
9 客房带跃层空间
10 挑高的空间面向古树
11 屋架"新"与"旧"的对话

1. 银杏树
2. 前庭
3. 水院
4. 大堂吧及休息区
5. 接待台
6. 客房
7. 布草间
8. 后院
9. 茶室
10. 厨房
11. 餐厅
12. 室外休息区
13. 公共卫生间

改造后一层平面图

1. 餐厅
2. 连廊
3. 瞭望平台
4. 客房
5. 露台
6. 套间

改造后二层平面图

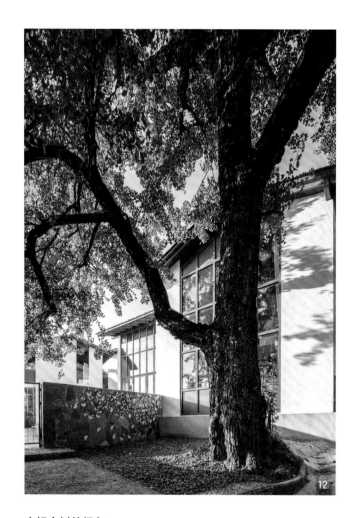 

12
13

古银杏树的视角

在狭窄用地内，建筑的取景围绕古树展开。民宿的庭院门位于古树枝下，需要低头侧身才能避开古树枝开门。作为休闲的茶室，设计有意压低窗户高度，人们蹲坐品茶方可看见古树及古树在水面的倒影。在巷弄里，主堂与茶室的外墙围合出纵向取景框，框取了古树和水面。眺望台是看古树全身的最佳视角。

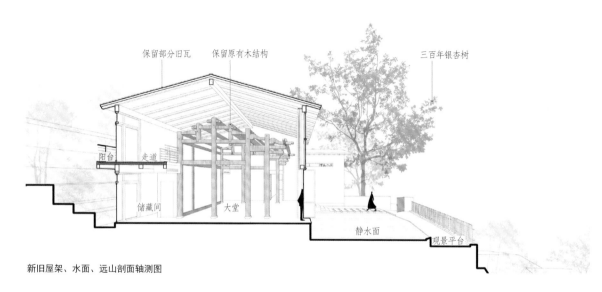

保留部分旧瓦　保留原有木结构　　　　　　　　三百年银杏树

阳台　走道

储藏间　大堂

静水面　观景平台

新旧屋架、水面、远山剖面轴测图

远山的视角

　　因场地及朝向的关系，茶室向东转了一个角度，得以保证主屋开阔的远山横向视角。眺望台也与场地北面挡墙退让出安全距离，同时与远山取得画面的平行。二层朝东客房的阳台可越过屋脊望向漫山的竹林。餐厅的二层，竹林被大面玻璃窗框进餐厅，成为餐厅的背景。游走在巷弄里，竹叶迎风沙沙作响，空间更为静谧。最大的客房带跃层空间，挑高的空间面向古树，形成人与古树、内与外的对话。二层西边客房阳台与台地的田间小路同高紧邻，塑造出一处"握手阳台"，客人可与路过老农握手寒暄。东边客房朝向竹林，成片的竹林挡而不堵，风起时，竹叶飒飒作响。

项目建设的意义所在

　　该项目是银杏村第一个民宿改造项目，该民宿成功唤起了村庄的活力，将"银杏村"这张旅游名片推广得更远，让更多的人来关注古村落，助推乡村振兴。对于房子的主人来说，这个破败的老屋是他们家族的精神归属，通过改造也使得家族精神得到了延续。

12 古树枝下民宿入口空间
13 巷弄纵向取景框
14 眺望台远山横向视角
15 玻璃窗框竹林视角
16 漫山的竹林环抱客房
17 信步水面汀步院落空间

悠然山居精品民宿

九华山下的精品美宿

项目所在地区位背景

　　九华山是中国佛教四大名山之一，山上风景优美、空气新鲜，每年上山的游客量非常大，是一个典型的接待全国不同地区游客的风景旅游胜地。民宿项目位于九华山核心风景区塔院的旁边，整个地形是一个山谷盆地，竹林、水杉以自然的态势生长。

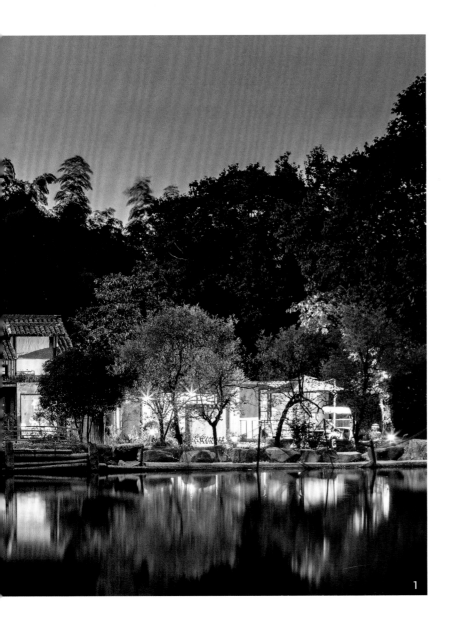

项目地点
安徽省池州市青阳县九华山风景区
建筑面积
500 m²
设计公司
门觉建筑
主持设计师
黄满军
设计团队
刘飞、张默、张景林子、汪娟
软装设计
赫婷婷、汪影、陈滨梨
摄影师
陈铭

1 夜间的建筑外观

民宿内部设计中所体现出的张力

　　设计师通过设计接待室、客房、餐厅，使建筑的整体组合与其功能属性得到了确定。进入民宿的路线被现场条件所限定，因此设计师们挖掘出了一个可以提升入住体验的机会，住客们经过停车场、石阶、树林、茶园、石板路、水塘这一路被引发的好奇心，在最终接触空间时都会得到满足。进入客房后，内部垂直的方向被设计成两个空间：水平方向由功能限定出两个体块，产生了一种具有张力的内部形态；茶室、休闲区、洗漱区、卧室区、打坐区生成场域。当漫游在这些空间时，无论是走向地面、踏上台阶、爬上楼梯、倚靠在沙发旁、抬头望向玻璃外的景色、打开旁边的木窗、坐下或站立从而产生亲密接触，还是在停下的瞬间，都能从空间内部感受到一种强烈的情感氛围。

2　建筑及周边环境
3　从侧面看向建筑
4　屋面细节

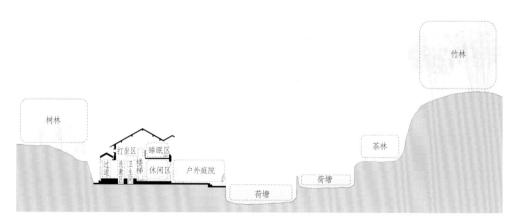

场地剖面图

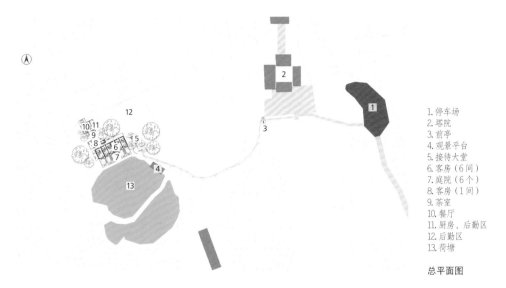

1. 停车场
2. 塔院
3. 前亭
4. 观景平台
5. 接待大堂
6. 客房（6间）
7. 庭院（6个）
8. 客房（1间）
9. 茶室
10. 餐厅
11. 厨房、后勤区
12. 后勤区
13. 荷塘

总平面图

潜在的原生力量

　　设计是一种创造行为，设计师们希望在每个细节上都可以找到全新的方法。在物料的选择上，希望建筑可以回应外界，去呈现一种特定的功能，可以见证过去生活的真实，吸纳生活的痕迹。客房一层的茶室区，内部被木饰面所包裹，保留了一片玻璃作为内外接触的媒介。当脚踏上榻榻米，盘腿坐在蒲团上，烧水煮茶，景色、阳光、露水尽在眼前，推开窗感受微风习习，设计师们所期待的空间感知已呈现出来。如今，这里已然成为客人入住最喜欢停留的地方。建筑的立面语言用的是水泥的体块、遗存的民居陶瓦、夯土和青竹等日常材料。设计师们挑选荒石料作为踏步石、耐火砖铺设地面、实木与钢组成的楼梯、铜皮包裹的木门、透明的阳光板，这些材料与形式结合生成一个整体，当身体与这些物料亲密接触时，便引发出一种可以与当前情境对话的心境和原生力量。

6

5

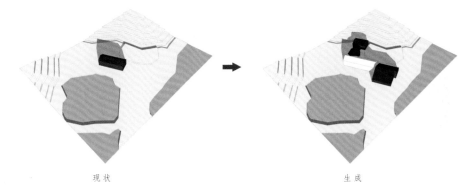

现 状　　　　　　　生 成

5 浴室
6 走廊
7 客房一层的茶室区
8 茶室细节
9 客房一层休息区

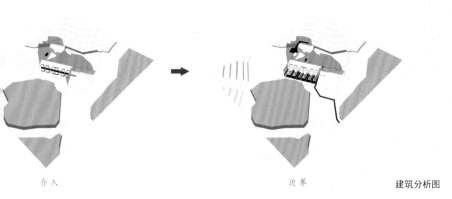

介 入　　　　　　　　边 界　　　　建筑分析图

10 休息区
11 客房
12 客房过道
13 书桌
14 建筑在夜幕下显得格外宁静

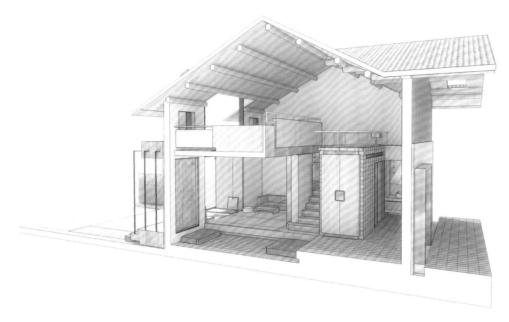

客房剖面图

项目建设的意义所在

　　该项目的前身是一个只有旅游旺季才有客源的普通经济型旅馆，这是当时山上所有经济型旅馆的常态。项目方期望以设计为驱动力，做一个度假型精品民宿。设计师们希望从重拾日常的生活美学开始，呈现一种从形式到空间均可被感知的设计力。爱德华·霍普（Edward Hopper）曾说："在日常的平凡事物中有一种力量，只有当我们注视良久时，才能发现它。"希望入住于此的游客，可以重新认识自己的心境，在佛教圣地洗涤灵魂。

14

戴家山倚云山舍精品民宿

传统畲族民居改造而成的精品民宿

项目所在区位自然条件

项目位于浙江省杭州市桐庐县莪山畲族乡戴家山，地处丘陵地区，距桐庐县城9.5km，为戴家山8号民宿项目二期扩建工程。

项目地点
浙江省杭州市桐庐县莪山畲族乡
戴家山
建筑面积
600 m²
设计公司
杭州简然建筑设计有限公司
主持设计师
何奇、陈吉利、杨洋
摄影师
潘爽

1 建筑全景

设计理念

    面对复杂的现状环境以及业主的诉求，如何充分地利用好每一寸空间，应对未来居住在民宿中不同人群可能出现的行为模式，成为设计中的难题。设计师们对场地原有的交通与功能进行重组，在不破坏原有场地关系的情况下，力求达成一个完整的解决方案。

场地区位

项目与一期的区位关系

场地及建筑现状分析

整个村落在 Y 字形的山谷中排开，场地位于村落西侧贴近山腰体的位置，拥有较好的景观视线。由于处在高点，从村口及其他位置均能看到这样一幢"地标"性的建筑。二期与一期之间有一条小溪，隔水相望，竖向上存在较大的高差。

原始房屋为一幢 20 世纪 70 年代的土坯民居，由一幢三开间的主楼及右侧两开间的加建部分组成。内部木结构梁柱截面较小，且存在腐朽问题，有较大的结构安全隐患。由于依山而建，场地环境较为复杂。正面为小片平台，背面有较大高差，坡地及台地结合，存在一定山体滑坡的隐患。

2 民宿与周边建筑
3 从一期位置看二期
4 从二期位置看一期
5~9 场地及房屋原始状态

戴家山倚云山舍精品民宿

151

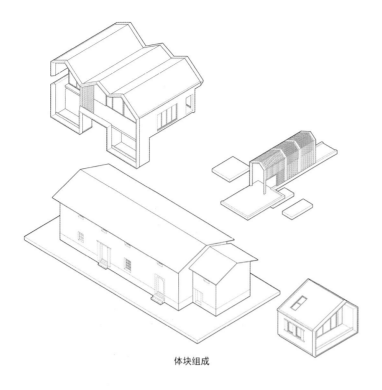

体块组成

改造过程

设计师对原有结构体系进行更换，拆除内部木结构并改换为钢结构，保留外部土坯墙体。

为进一步丰富项目的公共活动区域，同时增加一部分客房数量，必然要对原有建筑的容量进行扩充。设计师们在原有的建筑形态上做加法：植入了第三层空间作为民宿的公共区。这个公共区占有最好的景观视线，同时由于它在竖向标高上与背面最大的场地平接，通过架空廊道的连接，拓展了公共区的外部活动空间，让原本较为消极的背面山体变为积极的活动场地。一、二层空间在保证不对原有土坯墙体做较大改动的前提下改造成为客房。由于主要活动场地的转移，一层建筑原有的正面平台成为该层客房独享的庭院空间。

营地平台

三层平台

无边泳池

二层平台

一层平台

入口

总平面图

12 一层客房庭院
13 一层 Loft 家庭房庭院
14 主要竖向交通空间
15 二层入户平台
16 三层室外无边泳池

　　由于原始建筑进深方向的限制，设计师将原本应该出现在建筑内部的交通走道外移，结合背面的台地形成不同层次的交通空间，在竖向上形成上下交流和呼应。改造后的台地也有效地消除了原有场地山体滑坡的隐患。

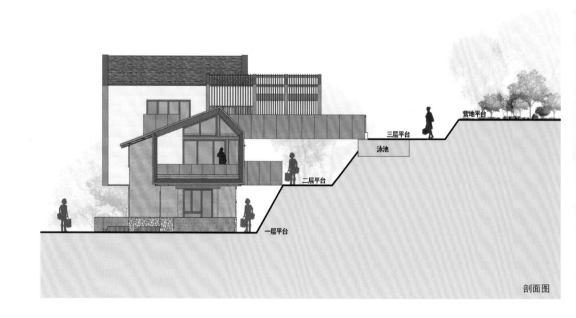

剖面图

13 14 15

　　建筑背面场地高处较为平整，设计师结合现状将其整理成两个台地关系：将游泳池布置于下层的台地，通过叠水的做法化解高差。同时，游泳池的平面布置与建筑呈现一定的夹角，朝向山谷方向，提升视觉体验；将上层开阔空间作为户外活动营地，为以家庭或团队为单位的客人提供充足的户外活动空间。

16

戴家山倚云山舍精品民宿

在最终呈现的建筑形态上，原有部分与新建部分形成对话的关系，新建部分的屋顶纵向置于老建筑屋顶上，将"山墙面"覆以玻璃来获取最好的景观资源。以这种形式消解后的形体也避免了屋顶体量过大的困扰。起伏的屋顶为三层公共空间带来有趣的内部空间体验。除了保留土坯墙体以致敬原有的畲族传统建筑形式外，设计师还保留了部分二层檐口以有效保护土坯墙体免遭雨水的侵蚀，同时也是对原有建筑在构造做法上的尊重。

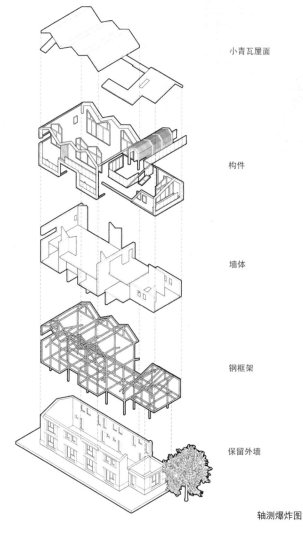

小青瓦屋面

构件

墙体

钢框架

保留外墙

轴测爆炸图

　　作为承载客人主要活动的公共空间，设计师试图弱化建筑本身的存在，正面的大面积落地窗可将室外景色一览无遗，同时阳台的半室外空间让客人与山民的生活有了更进一步的沟通。而背面通长的吧台，让室内休憩的人可以与室外活动的人在视线上产生直接的联系，建筑室外的露台通过架空廊道将游泳池与营地连接，变成了场地的一部分。

21 一层庭院房
22 二层套房
23~25 Loft 家庭套房

　　客房空间是民宿中最为私密的部分，设计师通过合理的功能组织充分发挥每一个客房的价值点：一层设置为带私家庭院的客房，二层扩大开间设置为套房，将原有辅房改造为 Loft 家庭房，为不同的客人带来满足各自需求的度假体验。

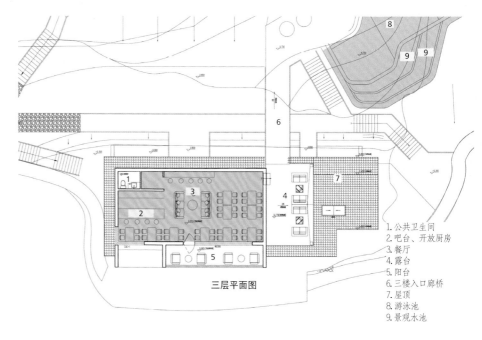

三层平面图

1. 公共卫生间
2. 吧台、开放厨房
3. 餐厅
4. 露台
5. 阳台
6. 三楼入口廊桥
7. 屋顶
8. 游泳池
9. 景观水池

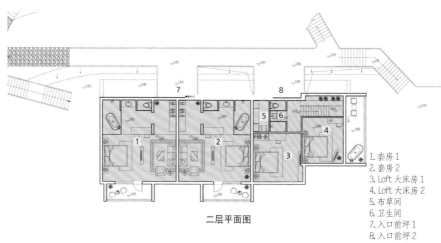

二层平面图

1. 套房 1
2. 套房 2
3. Loft 大床房 1
4. Loft 大床房 2
5. 布草间
6. 卫生间
7. 入口前坪 1
8. 入口前坪 2

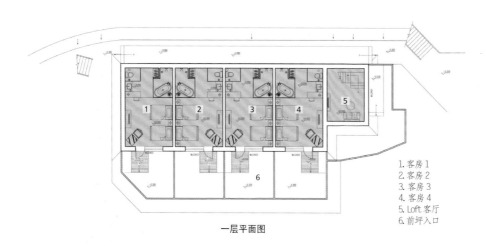

一层平面图

1. 客房 1
2. 客房 2
3. 客房 3
4. 客房 4
5. Loft 客厅
6. 前坪入口

项目建设的意义所在

目前戴家山已经成为江浙一带"网红"民宿聚集区，面对竞争越来越激烈的民宿产业，设计师试图跳出设计本身去思考问题，为来到戴家山的游客提供一种独特的旅居体验，从而满足人与自然环境的沟通、住客与住客之间的沟通，以及住客与村民之间的沟通。

26 建筑及前方小庭院
27 夜幕下的建筑群

无它心舍·素旅酒店

秘境里，一个带"水"的民宿酒店

项目所在地自然条件

　　从杭州驱车经过一个小时左右的车程，绕过碧波荡漾的水库，沿着溪水缓缓驶入如迷宫般的峡谷深处……静下心来，便很快可以发现这个带"水"的酒店——无它心舍·素旅酒店。酒店位于原龙头舍村，周围森林覆盖率超过 90%，海拔近 800m，山路十八弯，环境优美，民风淳朴，拥有华南地区最密集型金钱松自然保护区 500 余亩（约为 33.3 万平方米）和奇特的石滩瀑布景观。这里有野鸟的鸣叫、森林的呼吸、潺潺的溪流、清澈的风和倾泻而下的阳光，在它们的怀抱中，身心都被融汇到自然中。

项目地点
浙江省杭州市临安区
基地面积
2400 ㎡
室内面积
1350 ㎡
设计公司
上海壹尼装饰设计工程有限公司
主持设计师
黄一
设计团队
周维、袁孝龙、周建发
软装执行
MAGGIE
摄影师
金伟琦

1 沿着溪面的主楼玖月及客房叁月、肆月全貌

2 摘星楼和远处的客房拾月
3 客房拾月和多功能草坪广场

建筑的主要构成部分

因为贪心秘境里的"水"和氧气，便以此为灵感设计了这个酒店，珍惜地域原有文化特色和融入自然是整个酒店的设计精神；依照地理位置和建造方法的不同，设计力争给人不同的逗留感受。玖月是主楼，空间设计注重上下层次，有点建筑里再造建筑的概念，增强客人在空间里的戏剧性；叁月、肆月、拾月同属姐妹式客房，各间客房都配有高天花板和全景大窗户。浴室里配备了浴缸，客人泡澡时犹如躺在山林里，静静地可以听见大自然的心跳。

屋顶总平面图

夹层总平面图

一层总平面图

二层总平面图

酒店设计了 18 间客房，玖月拥有 20m 长的户外山泉游泳池和温泉池，可以在宽敞的内池与阔展在山麓中拥有露天游泳池处开派对；更有"会消失的茶席"，让你感受大自然的力量；还有梦幻般光线和黑暗空间组合的引人进入冥想境界的能量房。客房试图有别于日常生活的设计，或者说电视对旅行者是最基本的，在这里极尽所能地把这些日常感排除掉，每家庭院和露台都有小景和自然融为一体，幽静的竹林，涵盖了禅茶与儿童互动体验功能。

摘星楼，是一个竹结构的装置，分上下两层，设计师找到了附近村里的老手艺师傅，来帮忙实现设计的落地。设计意图有两个方面的考虑：一是项目地处竹林深海，表达对大自然和传统竹工艺的敬畏之心；二是满足功能的定位以及当下的网红需求，定位功能体现在多变性。二层编织较一层更为通透，且顶端设计了往外看的圆孔，可以为观星、冥想、瑜伽、奉茶等提供自然光影的变化；一层壁面设计多个方孔，可以为儿童嬉戏及网红打卡等提供乐趣。

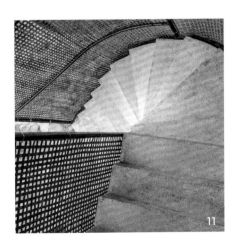

4 全景大床房
5 私人庭院大床房
6 Loft 客房
7 Loft 客房由上而下俯瞰
8 摘星楼一楼
9 客房叁月网红竹编光影楼梯
10 摘星楼二楼
11 客房肆月网红楼梯

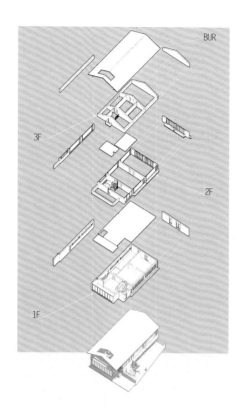

主楼玖月分析图

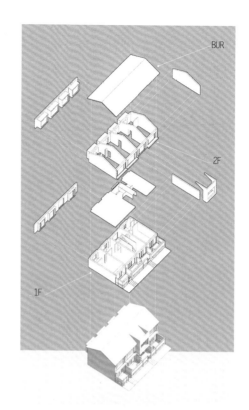

客房叁月分析图

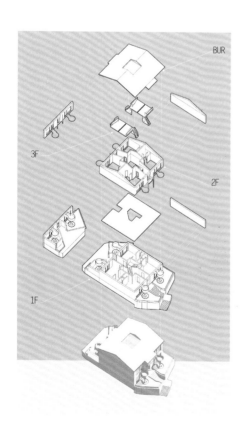

客房拾月分析图

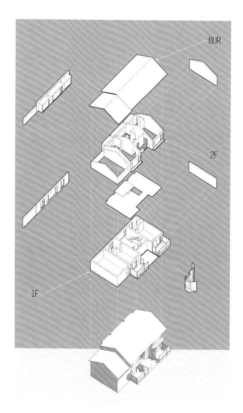

客房肆月分析图

12 主楼玖月和客房拾月鸟瞰
13 主楼接待入口
14 会消失的茶席

项目建设的意义所在

    民宿通常具备温馨的仪式感，管家们或提着灯笼在路口迎接住客，或在码头用管家式的弯腰迎接住客。秉承这些理念，在无它心舍 & 素旅酒店，设计利用大自然的礼物"水渠仪式"来迎接住客，期待与住客的相遇。

椒兰山房一期

由川西民居改造而来的椒兰桐庐民宿与颉夏书舍

项目所在地区位特征

在你的眼里，乡村是什么样的？是电视里山谷间的淳朴自然，还是书本上一派繁忙劳作的景象？是遥远路途后的清新空气，还是记忆深处的儿时乡愁？仿佛乡村距离人们一直都不近，可它距离人们从来都不远。

隶属于四川省成都市的邛崃地区古称"天府南来第一州"，生态环境优美，物产富饶。项目所在的郭山村则位于市区西南方向，距城区 10km，地貌与植被有着典型的川西山地特征，山峦起伏间葱郁的林木中坐落着许多川西老宅。屋前灵秀的绵山在云雾中隐现，屋后的崃山则宛如千叠翡翠，像是一个境外之地，令人心生向往。

项目地点
四川省成都市邛崃市孔明街道郭山村
项目面积
约 1200 m²
设计公司
赤橙建筑空间设计
主持设计师
梁缘园
摄影师
奉龙

1 颉夏书舍夜景正立面

2 椒兰桐庐建筑全景
3 廊道
4 接待休息区
5 会客厅
6 椒兰桐庐夜景正立面
7 Loft 客房

设计思路

此项目原建筑为传统的川西民居结构，是传统民居建筑流派之一，讲究自然观与环境观，因地制宜，就地取材，采用木质结构的坡屋顶、穿斗式结构的屋架，墙体是传统砖墙。建筑整体外观与结构保留较为完整，但内部的生活设施陈旧简陋、功能残缺，相较于当代的生活品质较为落后，但村落里的建筑形态历经多年，和当地的自然环境相契合，建筑、环境和人文三者是不可拆分的。

椒兰桐庐平面图

1.卧室
2.花园房
3.Loft 客房
4.会客厅

温暖来源于乡土，感动来源于人文。既有的空间跨越了固有的风格，超越了时间与维度。空间不能仅局限于几何尺度，而应该为使用者所体验，人在空间中产生的思绪、回忆、幻想与空间互动产生故事，其中相互映射而来的情绪构成也是我们对空间情感的表达。

在此思路下，设计师保留主体建筑形式，融入现代化的空间功能，造就当代人的生活方式；融入现代艺术审美，用当代设计语言和艺术表达方式构成空间。对当地的文化进行深挖，将临邛古城传统技艺与文化、民俗风情和产品、历史人物故事纳入空间之中，保留回忆，修旧如旧，补新以新，以此来作为设计主线。

平面方案采用的思路是功能先行，在其之上赋予艺术感，原有建筑条件很差，缺失很多当代人生活需求的功能，在对房屋进行部分拆除和加固的情况下，对内部墙体进行了拆除、移位和连接，合理的区域划分，在保持原建筑整体状态变更不大的情况下融入更多的现代化功能。在设计手法上延续了建筑的历史感，同时也提升了空间在时代背景下的美感。

项目建设的意义所在

    椒兰山房一期作为乡村振兴的模式探索，为当地创造了更多的就业机会，带动本地传统产业发展的同时能衍生出更多元的发展方向，也贴合当下旅游发展的多样化市场需求。作为新生的旅行目的地，为唤醒乡村提供活力，让人回归自然野趣，寻回人情味，纯然快乐融于乡野之间。

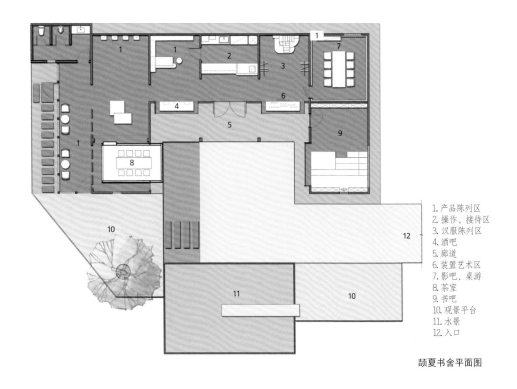

1. 产品陈列区
2. 操作、接待区
3. 汉服陈列区
4. 酒吧
5. 廊道
6. 装置艺术区
7. 影吧、桌游
8. 茶室
9. 书吧
10. 观景平台
11. 水景
12. 入口

颉夏书舍平面图

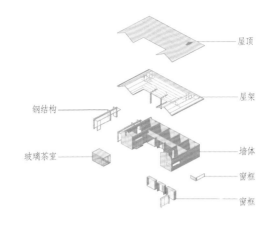

屋顶

屋架

钢结构

墙体

玻璃茶室

窗框

窗框

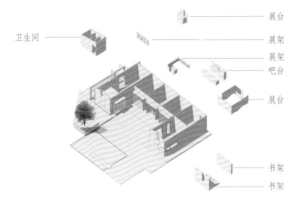

展台

卫生间

展架

展架

吧台

展台

书架

书架

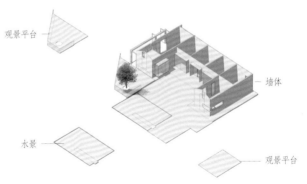

观景平台

墙体

水景

观景平台

书舍爆炸分析图

8 书舍建筑立面
9 书舍入口
10 阶梯书吧
11 悬浮茶室

椒兰山房一期

椒兰山房·叠院

山林沃野中的丘陵民宿

项目所在地区位特征及民宿寓意

　　邛崃古称临邛，这座有着2300多年历史底蕴的古城犹如镶嵌在成都西部版图上的一颗明珠，熠熠生辉。古来邛州长踞西川文脉之龙头，地灵人杰，文风盛兴。

　　《子虚赋》有云："其北则有阴林，其树楩楠豫章，桂椒木兰，蘖离朱杨，楂梨梬栗，橘柚芬芳。"桂椒、木兰都是古代的高级香料，清新雅致。所幸，椒兰山房正是取椒之清新、兰之高洁。

1

项目地点
四川省成都市邛崃市孔明街道郭山村
项目面积
3400 m²
设计公司
赤橙建筑空间设计
主持设计师
梁缘园、姜巍庆
软装设计
梁缘园
执行设计
王双、陈斌、张楠山、张鼎
设计顾问
谭云峰（结构）、韩宝泉（建筑）
摄影师
刘伟
摄像
Vannko

1 餐厅建筑立面

2

设计中的在地主义

设计遵循"在地主义"的理念。在乡村再建设项目中，人、建筑、环境之间的交流与平衡尤其重要。如何保留及再现这种动态的平衡感也是设计过程中要思考的重点。历经一年多，设计师企图在旧建筑修复和空间创新中寻求一种平衡，让建筑在时代感中和谐生长，求同存异，不落窠臼。

该项目共计九栋建筑，为保持当地川西民居的建筑韵味，设计师综合场地现况，为减少基地大量开挖对周边土层环境的影响，保留了原地形的高差，将四栋老建筑改造翻新，新建五栋单体建筑。其中四栋改造的建筑，把原始墙体及木结构进行了修复和结构加强。在基地重新构筑一栋庭院相间、内外相连的复合建筑群。新建的五栋单体建筑，从"三间两头转"的川西民居结构中，剥离出独立的体块、院落，再以穿斗形式演化落地窗框形态，使建筑展开面最大限度地接受黄金日照。

模型图

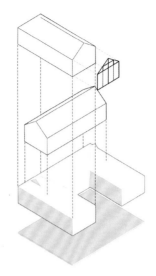

传统"解构"

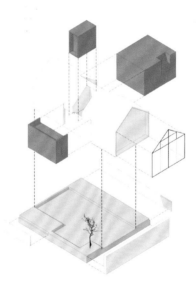

新生"重组"

建筑生成分析

2 建筑全景
3 客房建筑日景
4 花园房与亲子房错落的屋顶

5 客房建筑夜景
6 建筑小景
7 接待厅
8 一层特色餐厅
9 二层亲子餐厅

原有场地错落感的保留

原建筑场地高低错落，形成了自然且富有韵律的建筑天际线。设计最大化地保留了原场地的错落感。将建筑结构做多层次动线设计；为丰富主景观视野，利用坡道、楼梯等形成多条循环动线。"疏密得宜、曲折尽致、眼前有景"是童寯先生对园林的阐释，更是古人造园的一种"情趣"。动线与景观相结合，给人以多层次、多角度及多维度的体验。

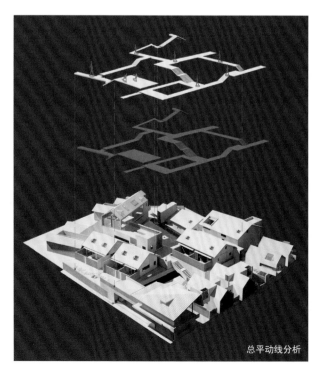

总平动线分析

建筑的采光设计

　　建筑入口朝南，万物受光。当和煦的光线在空间中诗意地漫步，林深见鹿，海蓝见鲸，梦醒现光。采用大尺度透明开放式立面，模糊了建筑、室内与环境的界限。用光线参与空间叙事，当时间推移，随着太阳方位的变化，光也随之移动，如梦似幻。建筑大面积的玻璃幕墙协同空间内外，将"山林、茶园、竹海"的景致毫无遮挡地纳进，令建筑视野蔚为壮观。引入天光的卧室空间，让人感受到大自然的礼遇，清阳曜灵，和风容与。

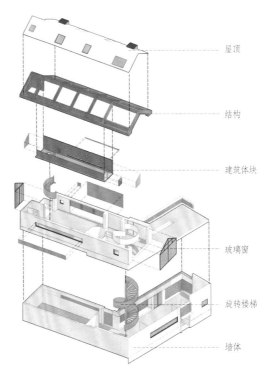

屋顶

结构

建筑体块

玻璃窗

旋转楼梯

墙体

餐厅建筑爆炸分析

装饰材料的选用

    基于建筑的可持续性与环保性，拉近人与空间的距离，让材质本身去呼吸。设计师耗费大量时间与供应商协作研发用砂石与当地特殊石子混合的方式制作新型椒墙涂料，耐腐耐潮，温润自然，融于本土环境，共生共息。

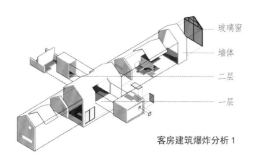

客房建筑爆炸分析 1

玻璃窗
墙体
二层
一层

10

11

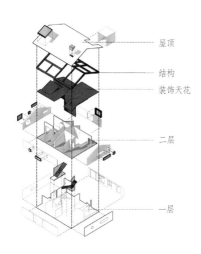

屋顶
结构
装饰天花
二层
一层

客房建筑爆炸分析 2

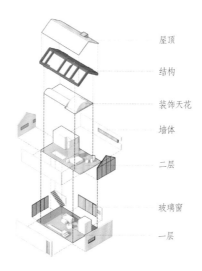

屋顶
结构
装饰天花
墙体
二层
玻璃窗
一层

客房建筑爆炸分析 3

12

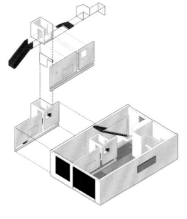

亲子房游戏区爆炸分析 1

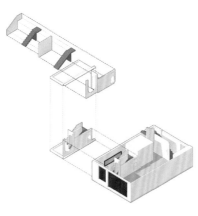

亲子房游戏区爆炸分析 2

13

项目建设的意义所在

民宿的崛起是乡村旅居兴起的一个信号，乡村民宿拥有迥异于都市的悠闲、宁静、生态、传统的自然文化环境，模式创新是旅游高质量发展的路径。椒兰山房在乡村建筑中，筑造与延续乡村文化的内生动力，既要创新表现汉风雅韵，又要被今人所理解，为今人所用。而随着逆城镇化发展与旅游市场消费升级，椒兰山房项目在振兴乡村产业的同时，也承载着旅游转型升级后的高层次的市场需求，是新的耕读生活栖息地。

抽离繁琐，设计师以最朴素的设计语言赋予颓唐的躯体新生机。朝云四集，日夕布散，蛰伏于尘世间的灵魂，若能短暂地逃离，也是一种福分。

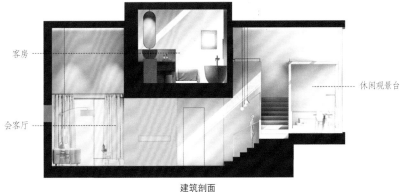

建筑剖面

客房

会客厅

休闲观景台

椒兰山房·叠院

东极尘曦民宿

由在地民居改造而来的岛屿民宿

项目所在地区位特征及建筑原貌

　　东极尘曦民宿位于浙江省舟山市东极岛，岛屿上空云雾缭绕，海岸边阳光普照，海水澄澈碧蓝，美轮美奂。民宿是一对 80 后夫妇在岛屿上创建的理想家园，它的原始建筑为岛中央山腰上的一处原生的石头民舍。潮起云涌、风雨洗礼，成就了石头民舍质朴的海岛文化和岁月沉淀的美。而"在地民居"和"自然肌理"正是东极尘曦民宿设计的切入点。

项目地点
浙江省舟山市东极岛
用地面积
456 m²
建筑面积
733 m²（老房面积：318 m²；
新建面积：415 m²）
设计公司
介隐建筑事务所
主持设计师
沈圣喆
设计团队
郭怡欣、陈慰、肖鹏、
孙梅杰、姚永立、苏立德
摄影师
金伟琦

1 夜晚鸟瞰

2 入口
3 日景主立面
4 阳台
5 中庭
6 三层客房
7 二层平台

建筑中体现的新老对话

本案最大程度地保留了老建筑的石墙、木楼板和木屋架、灰瓦的坡屋顶，营造朴素原生的居住空间。同时，在一层入口插入白色体块，使原本分离的公共空间得以串联而具有纵深感；在大堂中央设置室外中庭，调节采光和气氛；通过框架结构，在三层架空多个白色体块，并对应景观使其方向做了扭转变化；三层以上形成屋顶平台，以满足无边游泳池、露天剧场、聚会空间等配套功能的实现。

新建部分营造较高品质的功能体验，原始部分保留当地建筑的风貌特征。新老之间分工明确，产生戏剧性的对立关系，又依靠中庭、楼梯和挑高的灰空间，将这种分层的冲突模糊并试图调和，最终达到空间上的统一和稳定。客房里古老的石墙与现代化的软装品在新与旧的碰撞中打造出了舒适温馨的氛围，会议室也是如此。

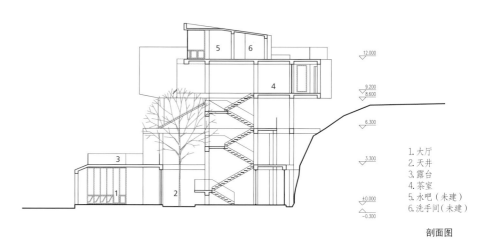

1. 大厅
2. 天井
3. 露台
4. 茶室
5. 水吧（未建）
6. 洗手间（未建）

剖面图

项目建设的意义所在

  实际上，东极岛有极端的两面——岁月尘封的文化孤岛与文青向往的流量圣地。自然传统与流行现代，冲突而共生。尘曦民宿的设计也是新老对立的，尝试以直接朴素的态度，同时满足来自这两方面的功能和形态要求。

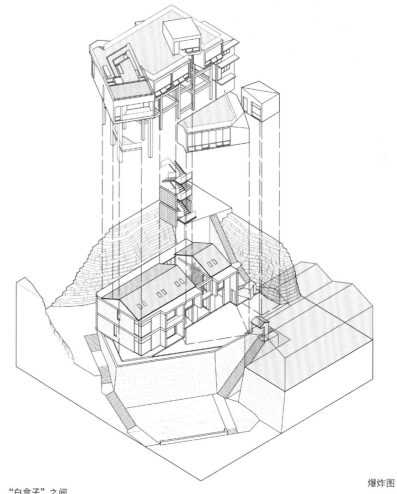

爆炸图

8 "白盒子"之间
9 无边游泳池
10 会议室
11 客房

1. 茶室
2. 单人间
3. 套房

三层平面图

1. 露台
2. 天井上空
3. 单人间
4. 清吧
5. 布草间
6. 员工宿舍

二层平面图

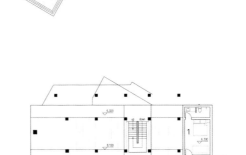

1. 水吧（未建）
2. 洗手间（未建）
3. 露天剧场
4. 无边水池
5. 聚会空间

屋顶平台平面图

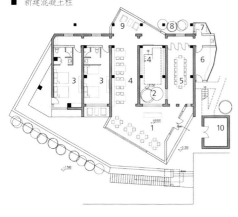

1. 大厅
2. 天井
3. 双人间
4. 餐厅
5. 会议室
6. 厨房
7. 洗手间
8. 竹院
9. 休息室
10. 纪念品商店

一层平面图

1. 员工宿舍

夹层平面图

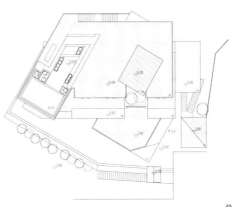

总平面图

东极尘曦民宿

清溪行馆

院落式小建筑群中的皖西大屋

项目所在地自然环境及项目原貌

    清溪行馆位于安徽省安庆市岳西县石关乡马畈村，该地区民风淳朴，风景秀丽。马畈村附近有明堂山、岳西天峡景区、大别山彩虹瀑布等旅游景点。项目所在基地内原有一座老房子，是白瓷砖贴面的两层旧民宅。受项目方所托，建筑师以十座院落，融合"皖西大屋"有序又自由的宅院形制，经由空间、色彩、材质的变奏，徐徐展开一场空间戏剧，融合温暖与冷静、明亮与荫翳、粗糙与精致、自然与人造，人们可以用1000种不同的方式生活在这里，是为清溪行馆。

扫码观看项目视频

项目地点
安徽省安庆市岳西县石关乡马畈村

建筑面积
1200 ㎡

设计公司
一本造建筑工作室

主持设计师
李豪

设计团队
沙瑜、王晓阳、南雪倩

摄影师
王石路（然石工作室）
南雪倩（一本造建筑工作室）

摄像版权
一本造建筑工作室

1 建筑概览

古老世界的建筑表现

岳西是皖赣片区的建筑谱系中心，地处安徽、江西和湖北交界处，自古以来处于客家移民的主要道路上，且明朝初期大量的赣北鄱阳湖流域的移民从瓦屑坝迁移至安庆府等地，移民因素使得这里成为赣文化的亚文化区。因此，岳西传统风土建筑在建筑结构与宅院形制上体现出与赣系相近的谱系基质，而与徽州民居在形制和比例尺度上有着许多不同，尤其以"皖西大屋"为代表。

剖面图

3

"皖西大屋"多依山临水而建，由连续的天井和庭院组成，形成多个居住核心；阶梯山墙与徽派建筑中的马头墙形式相似，但比例略有不同，更加朴实。或许是因其紧邻徽州民居带，"皖西大屋"在风土建筑的研究中往往是被忽略的一环。

正如柯布西耶在《走向新建筑》中所言"乡下住宅是小规模的古老世界的表现"，在"清溪行馆"这个复杂的院落式小建筑群中，建筑师试图回应"皖西大屋"有序而不失自由的形制，小巧而紧致有力的布局。

总平面图

4

2 "皖西大屋"中的前庭后厅在这里演变为由原建筑改造而来的第一重公共院落与扩建的大堂
3 入口第一重院落的设计既表示欢迎邻里乡亲的拜访，也保护了住客的隐私
4 建筑师重新切割组合了乡村建筑中常见的瓷砖，使其成为拾级而上时有趣的景观

改造过程

基地处于乡村道路的尽端，但却是山区景观的起始。竹林、台地、尺度、标高、介质，甚至某种来自历史的想象，给设计埋下了很多碎片化的线索。通过平台、转折、开口，微型建筑群落把广阔的山区乡村风景引入宁静的内院中。

十字形的院落规划遵循了"皖西大屋"纵横交错的干支式布局，以山为屏，以水为邻，向纵横两条轴线扩展。"皖西大屋"中的前庭后厅在这里演变为由原建筑改造而来的第一重公共院落与扩建的大堂。往来于此的既有来自远方的访客，也有村子里的邻里亲人，凝聚的是日常但不庸常的情感。

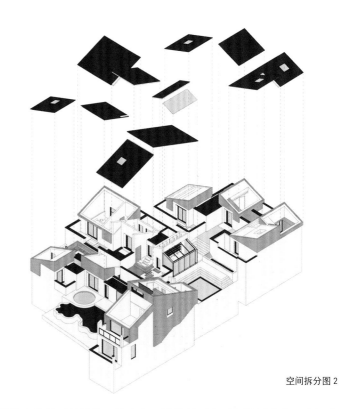

空间拆分图 2

居住院落是项目最核心的地方，错落的平台叠起层层院落，穿行路线曲曲折折，在每一处停顿的片刻，都可以捕捉到独特的景观。院落建造方式生态且原始，譬如拾取山涧里的卵石做墙基，砍伐主人承包的山林中的竹材作为围栏。院墙的设计源于民居中的马头墙，保留了朴实的色彩基调，强调了曲折优雅的线条。基地原有的时代感、怀旧感和村子的某种城镇特征，转化为沉静的气质。

得益于该地区较高的海拔，建筑空间的错落与设计合理的天井，建筑内形成了稳定的微气候，以自然通风形成空气对流，自然植物遮蔽直射的阳光。

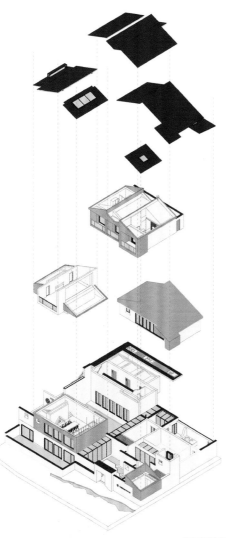

空间拆分图 1

5

6

5 在层叠的内院中，开辟出一个小巧的游泳池
6 二层公共厨房空间的壁炉，三角形的设计呼应了一楼的壁炉形态
7 带壁炉的一层大堂，是围炉夜话的绝佳场所
8 二层公共厨房，天窗带来均匀明亮的光线

另安灶君

在中国的建筑中，火塘并未形成完整连续的传承脉络，或者说，对火的依赖与崇拜，转移到了"厨房"——也就是"灶神"上。"黄帝置灶"——人们借助神话传说来设计建筑的精神空间结构。从安灶之法的严谨到祭灶活动的仪式感，围绕着"灶台"，在与火共居的漫长时光中，家庭与社交活动渐次展开为一幅生动的日常生活图景。

8

7

在清溪行馆中，设计师们将灶君——千万年来为"干燥的灵魂"而燃烧的"家火"，又一次从厨房中请回了建筑的中心——厅堂。木材、石料、金属、定制的细钢筋搁架，将冬日的温暖火焰与夏日欢乐烧烤的情景清晰描绘出来。物质空间、装饰元素、日用器物、神秘古老的信仰，共同组成了以"家火"为核心的完整系统。

清溪行馆

1. 庭院
2. 屋顶平台
3. 酒吧
4. 储藏室
5. 卧室
6. 阳台
7. 休息区
8. 起居室
9. 游泳池

三层平面图

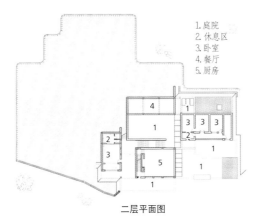

1. 庭院
2. 休息区
3. 卧室
4. 餐厅
5. 厨房

二层平面图

1. 主入口
2. 庭院
3. 休息区
4. 卧室
5. 起居室
6. 厨房
7. 过道
8. 餐厅
9. 储藏室

一层平面图

9 每间客房的设计都不尽相同，采集自山涧的卵石，定制的极细钢管支架，成了民宿客房的标志性设计元素
10 摆放在窗边的浴缸，为入住的客人提供了精致的沐浴空间
11 夜幕降临，温暖的灯光丰富了"家"的氛围
12~14 单坡屋顶的设计，以当代的手法回应了皖西村落的形态

9

10

11

项目建设的意义所在

　　民宿是一个极具戏剧性与力量感的场所——它天然地混合了新与旧、勇气与敏锐、大胆的公共性与私人领域的亲密感。从设计到营造的过程中，建筑师对场地的关心贯穿始终，并影响到了材料、结构和最终的呈现，让场地融合自然与文化，从而创造出一丝略带陌生感的乡村风景。石墙、耐候钢、水泥花砖、水、土、砂石……材料的丰富质感，共同组成了记忆中的"故园烟草色"，唤起复杂的情绪，放大了瞬间的感官体验，引人敏感地注意到脚下砂石的触感、微风拂过树林的声音、水光映在墙壁上的韵律。建造与土地共生，而非仅仅建筑于土地之上。每一件小事，在这里都可以变得格外有趣。雨、雪、阳光与微风，天气的变换仿佛为建筑带来节日的庆典，让入住的客人们尽情领略这迷人的乡村风景。

12　　13　　14

偶寄精品民宿

新老建筑共同勾勒出的淡墨山水画

项目建设背景

    偶寄精品民宿位于杭州市临安区太湖源镇天目山景区山麓处，场地内景致如画，眺望远处村落，仿佛一幅"山麓炊香有人家"的淡墨山水。场地内有一栋建于 20 世纪 70 年代的老宅，幸运的是其大部分夯土墙和木构架被相对完整地保留下来。设计师们将这栋老宅视为一代人的生活记忆和情感载体，并将其定义为民宿整体规划设计的核心。

项目地点
浙江省杭州市临安区太湖源镇天目山
基地面积
3000 ㎡
建筑面积
800 ㎡
设计公司
是合设计工作室
主持设计师
龚剑、刘猛
设计团队
张杰（建筑设计）
凌惠鸿、吴凯伦（室内设计）
宋永健（软装设计）
徐贞（平面设计）
结构设计
张海航 / 浙江广厦建筑设计研究
有限公司
摄影
是合影像工作室

1 项目俯瞰

老建筑的设计与改造

是合设计工作室对该项目进行了整体规划，保留一栋老宅，还有一栋在原址上拆建的新建筑，整个场域由东、西、南、北四个院落构成。改造中对老宅的原始墙体及木结构进行了修复和结构加强，并用钢结构结合陶粒混凝土重新浇筑了楼板。针对老宅的改造设计理念，用回收的老砖为原有的夯土墙穿了件"外衣"，将木结构合理地在室内空间裸露呈现，老宅的岁月痕迹和结构美完整地呈现在客人的眼前。设计师们将老宅原本单一的居住功能置换成酒店的复合功能，兼具了大堂、前台、休闲区、茶室、西厨、中厨、餐厅、客房等功能空间。老宅二层设置了两间客房，每间客房的屋顶都增设了较大幅面的天窗，分别位于客厅、卧室和卫生间的上方，有效改善了老宅室内空间的照明质量。在老宅东侧用钢结构结合玻璃幕墙的形式新建了一间坐落在水上的"YING餐厅"，庭院内栽种了日本早樱，春天樱花盛开时，客人可以享受到独一无二的用餐体验。

1. 玻璃天窗
2. 垫层
3. 青瓦(原建筑保留)
4. SBS 防水层
5. 望板
6. 檐口
7. 耐候钢窗套
8. 双层中空上悬窗
9. 原建筑木结构
10. 现浇混凝土楼板
11. 地暖层
12. 室内木地板
13. 老青砖贴面
14. 原建筑夯土墙
15. 耐候钢雨棚
16. 原建筑木梁
17. 原建筑木板吊顶
18. 原建筑青砖门头
19. 原建筑青砖门洞
20. 室内墙面
21. 原建筑老木门
22. 水磨石地面
23. 青石板过门石
24. 柱础石
25. 青石板台阶
26. 灰色鹅卵石散水
27. 室外混凝土地面

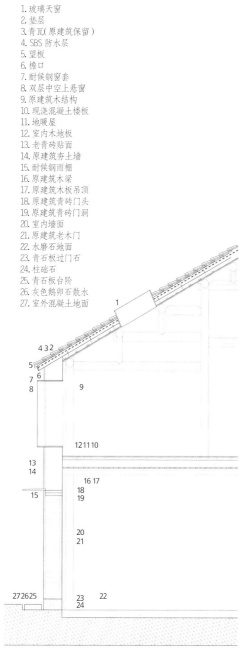

老建筑结构详图

6

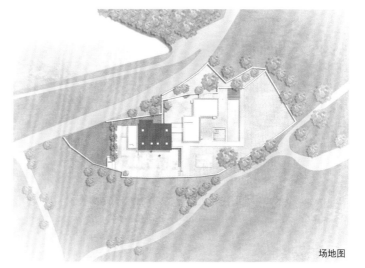

2 大堂入口
3 通向二楼客房的楼梯间
4 一楼茶室和二楼客房
5 客房休闲区
6 餐厅面向绿色山林

场地图

7 从南院看向新建筑
8 新建筑外观
9 从老建筑进入新建筑的走廊

新建筑的设计与建造

新老建筑之间有 1.5m 的高度差，通过玻璃走廊从老建筑进入新建筑，在走廊两侧水面的映衬下仿佛客人是从水下浮出水面一般。新建筑一楼有两个休闲区，南面的休闲区透过玻璃幕墙可将户外美景尽收眼底。西北面的休闲区设置了真火壁炉，入冬后在这里围炉取暖，喝杯咖啡，舒适惬意。新建筑二、三层共设置了五间客房，每间客房都配有独立观景阳台，客房内的大幅落地窗在满足白天自然采光的同时也将户外美景引入室内。客房的卫生间采用"水晶盒"的设计理念，通透明快的设计满足了客人"不同寻常"的体验。在"水晶盒"外围设置了暗轨纱帘，保证了客人使用卫生间的私密性。新建筑外观采用水泥肌理的块面化设计语汇来表达，未来还会将实木百叶"表皮"安装完成，从木百叶过滤进来的光线让室内空间随着光线的变化表现出流动的光阴肌理。

立面图

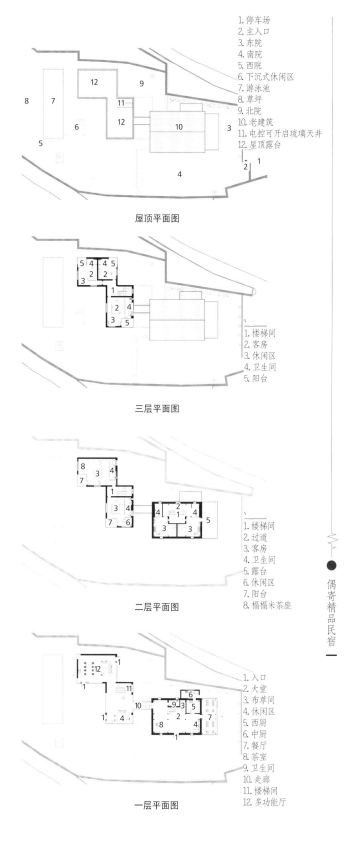

1. 停车场
2. 主入口
3. 东院
4. 南院
5. 西院
6. 下沉式休闲区
7. 游泳池
8. 草坪
9. 北院
10. 老建筑
11. 电控可开启琉璃天井
12. 屋顶露台

屋顶平面图

1. 楼梯间
2. 客房
3. 休闲区
4. 卫生间
5. 阳台

三层平面图

1. 楼梯间
2. 过道
3. 客房
4. 卫生间
5. 露台
6. 休闲区
7. 阳台
8. 榻榻米茶座

二层平面图

1. 入口
2. 大堂
3. 布草间
4. 休闲区
5. 西厨
6. 中厨
7. 餐厅
8. 茶室
9. 卫生间
10. 走廊
11. 楼梯间
12. 多功能厅

一层平面图

10

庭院设计

　　设计师在西院设计了无边际游泳池，游与泳池相邻的是一个可同时容纳 6~8 人的下沉广场，游泳池和下沉式广场之间间隔 90cm 的平台具有"吧台"的功能，客人游泳的同时还可以在"吧台"喝一杯与朋友互动聊天。东、南、西三个院落朝南一侧用玻璃护栏进行围合，在视觉上模糊了场地边界，客人在庭院里可以毫无遮挡地眺望远处村落。

11

项目建设的意义所在

　　偶寄精品民宿的改造使老宅得到了新生，既延续了业主儿时对它的记忆，又赋予了它全新的使用功能。随着新建筑的加建完成，新旧建筑相得益彰地存在于群山环绕的自然环境之中，为访天目山景区的游人们提供了一处优质的居住空间。

10　庭院
11　东院
12　水景（东院）

过云山居太湖三山岛

太湖中央的低栖远居

项目所在地自然环境

    该项目位于太湖中央，千百年来，太湖不仅孕育了其所在区域"物华天宝"的物质文明，同时也造就了"人杰地灵"的人文环境，山水相连、湖天一色，自然风光秀丽，尽得江南自然风光之神韵。

项目地点
江苏省苏州市吴中区东山镇三山岛
建筑面积
2150 ㎡
设计公司
上海可空建筑设计工作室
主持设计师
王伟实
摄影
吴清山、上海可空建筑设计工作室

1 主体建筑外观

设计诉求及改造难点

　　2019年夏天，受业主委托，上海可空建筑设计工作室的设计师们来到项目现场。彼时工程进行到一半，却因种种原因面临整体性的设计调整：业主原计划占满临湖面的建筑体量被削减一半，仅留一幢独栋箱体建筑和一个空地大院子；原设计的现代主义白盒子建筑也因风貌监管的原因被要求"平改坡"。原方案被彻底瓦解，亟待以新的视角重新展开设计并延续工程。源于这样的诉求，设计师们展开了基于现存建筑改造更新的民宿设计历程。

2 入口门廊
3 场地鸟瞰
4 总平面图
5 面向太湖的建筑
6 半廊半亭

改造设计面临三大任务和挑战：第一是如何利用原建筑拆除后空余的场地并重组流线关系；第二是如何将"平改坡"的硬性要求合理转化为积极的设计条件和建筑空间；第三是如何通过室内空间的深化设计提升建筑的特征与品质。依据这样的判断，设计师们以三处针对性的空间设计作为破解这些设计难题的切入点。

7

入口改造分步

环绕回廊

8

半廊半亭

作为民宿的门户，这一由异形钢结构单坡所限定的空间，覆盖容纳了一系列独立功能空间的入口，也构筑了内与外、房与园的边界。

设计来自对现状空间关系的重新梳理和利用：原本由客房所占据的场地被释放成为一个完整的内向院子，原设计中为组织建筑景观视线而形成的高差台地关系遗留在其中，如何结合现状重新组织空间关系是基本问题。

在起初的设计中，设计师们以回廊灰空间构筑建筑和庭院的边界，形成环绕的回廊体系，衔接各类内部空间，组织复杂的高差关系和流线。这一边界兼顾内外，既重新定义了庭院本身，又建立了建筑内部空间与庭院之间的关系，同时结合变化的路径和周边界面的开合，带给人丰富的景观空间体验。回廊均宽的体系在入口处由于避让一株老枣树而发生变化，形成了一片放大的覆盖，塑造了一处戏剧性的场所：廊由于尺度的突变而变异成介入景观的"亭"，与枣树相映成趣。其下1.5m高矮墙的置入从功能上区分了外侧入口广场和内侧向下延续的坡道，从形式上将这一空间转化为"复廊"：一片屋顶下的内外双重空间。

在实施过程中由于种种原因回廊体系无法完整呈现，仅保留了入口片段，但其余部分的缺失反而强化了其独立性和作为边界的空间意图：半廊半亭成为一个特殊的装置构筑，不仅以入口空间的形式形成互动的内外边界，同时构筑了两种不同的空间理解方式。这一空间不仅在表达内外，也在呈现暗藏于景观、地形及室内外空间的潜在关系和空间认知。

7 门廊限定的景观庭院视角
8 廊在内侧转变为融入景观的亭
9 一片屋面构成的亭
10 门廊下的矮墙分隔外侧广场与内侧下沉坡道
11 廊与庭院景观

悬坡纳景

位于主楼顶部的清水混凝土坡顶所构筑的阁楼，因"平改坡"的硬性要求而生。设计师力图以最轻的姿态将坡顶落于建筑的顶部空间和既有结构支撑之上，在与现状建筑形成协调的外部关系的同时，营造位于建筑制高点的景观公共空间。

180mm 厚混凝土厚板
Φ16mm@150mm 上下双层布置

800mmx200mm 暗梁

现状框架柱加高
300mmx600mm 结构主梁
环绕地梁

顶层分析图

面湖茶室作为顶层空间的核心，以席地而坐的低坐姿对应横向展开的景致，与向高处延伸的坡顶形成对照，形成多重尺度。坡顶向外延续的姿态，将景致引入的同时，也使露台成为茶室空间的一部分。空间中微微下沉的空间以石代水，以抽象的关系提示山、水、人之间的真实地理空间，建立与外部世界心理层面的联系。

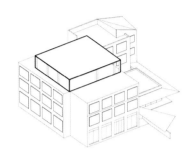

顶层改造分步

阁楼采用 180mm 厚的现浇混凝土板，结合倾斜双坡与水平面构成稳定三角的力学结构，塑造了无梁的室内空间以及内外一致的板片屋面形态。结构仅在柱位点接，这使屋面整体如同悬置于顶层空间之上，轻盈之余为景观的纳入提供了更多可能：北侧面湖的坡面以横向通长的开口塑造了一个嵌于坡中的露台，借由这个开口，内侧空间以水平通长的低伏檐口限定出一幅面向太湖的平远画卷；东侧屋面悬出墙外，山的轮廓借由自然形成的三角形开口纳入空间之中，山水景致借坡入画，用之于空间。

12 茶室与露台
13 茶室空间
14 山的轮廓借由坡顶框景进入室内
15 露台空间

客房分析图

低栖远居

　　远居是岛屿上居所的生活状态，而低栖则描绘了临湖而居的品质与姿态。在客房设计中，设计师们试图以空间的方式呈现这种品质：以有意压低的空间高度，结合环形流动的空间格局，形成面向景观的平远视角，并建立一种席地而居的闲适起居尺度和行为模式。水平流动的房间内局部拉高，以顶棚高低限定空间，使得不同空间有各自的领域感；与此同时，设计师在材料上引入色彩相近但质感不同的两种材质，以粗糙的喷砂材质勾勒高空间的侧面与顶面，与低处近人尺度的柔和墙面材质形成对照，建立空间的双重尺度，将房间原本层高低矮的劣势化解并成为房间的特征。

19

四层平面图

三层平面图

二层平面图

一层平面图

项目建设的意义所在

　　三山岛就像是一处世外桃源，而民宿与周边环境的结合也能使入住于此的人们仿佛置身仙境，与神仙为邻。业主同样希望来此游玩的客人们可以感受到姑苏城里的曲径通幽、风光旖旎。

16、17　客房局部
18　客房空间
19　东侧立面

大乐之野千岛湖民宿

将自然环境最大化地引入民宿建筑之中

项目所在区位自然条件

　　千岛湖自然风光秀美，1000 余个岛屿星罗棋布地分布在这里。项目所在地金坪村位于千岛湖畔的西侧，民宿临水而建，放眼望去远处群山连绵，近处水面平静，微风吹过荡起丝丝涟漪，整体环境宁谧。

項目地点
浙江省杭州市淳安县千岛湖镇
鲁能胜地
建筑面积
1349 ㎡
室内设计公司
即域建筑设计工作室
主持设计师
侯睿、朱丽瑾
设计团队
王一申、陶舒婷、徐翰骅
建筑设计
天华建筑
摄影师
唐徐国、史佳鑫

1 建筑概览

项目思考原则

第一原理（First Principle）最初是由亚里士多德提出的哲学概念，代表"一个最基本的命题或假设，不能被省略或删除，也不能被违反"。设计师们使用它作为对这个项目中复杂问题最基本的思考原则，从原初开始重新推演，剔除了僵化的经验式的空间语汇与个体过于主观的人为干预，在整个项目进程中不断溯源追问，以期从设计的过程和结果两个层面得到一个简单而接近项目本质的"第一性"空间。

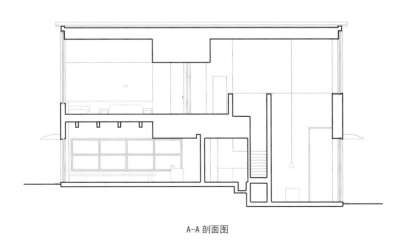

A-A 剖面图

B-B 剖面图

设计原则及方法

　　自然环境的最大化引入与人工痕迹的最大化退让成了第一设计原则。作为城市中喧嚣居住环境的反面，设计师们认为这个民宿空间最大的价值是帮助使用者得到内省式的自我回归。而这并非来自对外在环境的消极屏蔽，与之相反，在室内环境中，外部的自然环境恰恰成了这一过程积极的路引。

　　在设计中首先考虑的议题就是如何将自然引入建筑中。框景作为最直接的空间操作手段，在第一时间即成了讨论的焦点。室内设计师们在介入项目之初便与已进入施工图阶段的建筑设计团队共同对建筑立面进行了多次调整，看与被看的基本论题被反复推敲，直到最后达成了一个相对平衡的状态。

2　从大乐之野上方看向千岛湖
3　C栋二层的客房，落地窗带来的连续景观面
4　从 A 栋二层看向村庄和远山

5

　　下一步，室内空间的物质性被最大程度地削弱。在形式操作的层面，以装饰性的手段将所有建筑工业化的表达抹去，没有结构的暴露，也尽可能隐藏了机电的痕迹，平整的天地墙将空间的高潮引向窗外的自然本身。在材料操作的层面，用质朴的黑白灰色调与木材搭配，以此来回应原始村落的记忆。不过分强调设计感也不刻意回避当代性，一切以和谐的氛围为主旨。在器物选择的层面上，是否恰当合用是判断的标准。确保在最大限度精简的前提下，满足功能使用上的舒适感。

在执行这些操作的过程中，外部环境自然而然地成了整个空间体验不可割裂的组成部分，而这种存在形式也恰好构成了对在地性的回应——剥去窗外的千岛湖，空间就不是完整的；而不同状态下的外部环境又反过来赋予了同一空间几乎完全不同的性格。最终通过这一系列规避主体性与竞争性的设计操作，空间与自然达成了礼貌的沟通与互相渗透的平衡。

5 接待区域
6 客房局部
7 客房概览
8 晴空下的阁楼房
9 浴室
10 门厅

四层平面图

三层平面图

二层平面图

1. 接待室
2. 储藏室
3. 厨房
4. 休息室
5. 咖啡厅
6. 客厅
7. 客房
8. 配电室
9. 餐厅
10. 阁楼

一层平面图

11 游泳池平台
12 建筑及游泳池夜景

项目建设的意义所在

民宿作为发展乡村旅游业的重要载体之一，在乡村振兴进程中同样起到了不可替代的作用。想吸引更多游客来到乡村，首先便要解决最起码的起居问题。不仅如此，大乐之野千岛湖民宿同样是 2022 年杭州亚运会的配套设施，希望民宿可以给各地游客带来好的入住体验，为千岛湖旅游业的发展注入活力。

大乐之野千岛湖民宿

大乐之野中卫精品民宿

隐匿于黄河边的生态型建筑

项目所在地区位特征

　　200多年以来，黄河一直是大湾村这座古村落生命力的供给以及文脉交织的见证。它在历史长河中不仅是边关天堑，同时也是连接西域文化和经济的通路，是黄河与沙漠相结合的稀有景观资源。

项目地点
宁夏回族自治区中卫市沙坡头区
建筑面积
2000 ㎡
设计公司
深圳市大森设计有限公司
摄影
是然建筑摄影

1 鸟瞰图

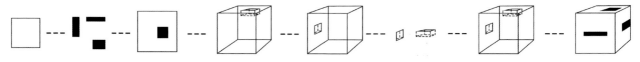

分析图

2 "大乐之野",源于《山海经》,意为被人遗忘的美好之地
3 项目由外至内地保留了村落最原始的建筑肌理,还原它们在这里原有的模样

项目位置图

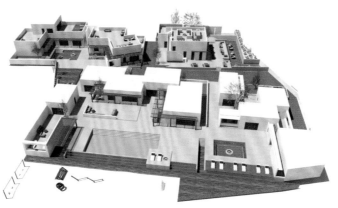

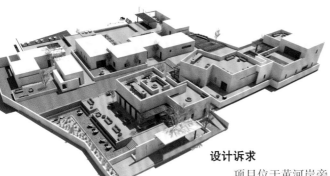

模型图

设计诉求

    项目位于黄河岸旁，设计师们不想打造一个野心勃勃的地标式建筑，而是希望能够将建筑隐匿于自然，用谦和与敬畏实现建筑和自然的平衡。大乐之野在这里规划了15间客房，把遥望黄河、果林作为每间客房的特定条件。设计师在每个不同的环境中挖掘空间的性格，没有统一的房型，企图通过试验不同的模型、尺度和材质，重新审视人与自然的关系。

3

大乐之野中卫精品民宿

露台

天花板

夹层

一层

01. 休闲区　　07. 布草间
02. 楼梯　　　08. 厨房
03. 餐厅　　　09. 储藏室
04. 接待前台　10. 休闲区
05. 休闲区　　11. 观景区
06. 员工休息区 12. 露台休息区

轴测图

建筑风貌

建筑基本遵循当地民居风貌，平屋、露台、院落、苇秆檐廊，将户内活动的更多可能性延伸至户外。在外墙上，设计师们运用了水泥砂浆抹泥的特殊工艺还原当地夯土墙的建筑肌理。从而创造了似久经风雨日照后，接近却不会崩坏的"旧"。

位于东经 105.19°，北纬 37.50° 的大湾村，冬季极寒温度可达 –20℃。因此除景观面为大尺度落地窗外，其他立面则像当地建筑一样尽量控制开窗尺度。设计师们以此重新审视窗洞、光、空间和人的关系，引发对空间意识场景化表达的探索。

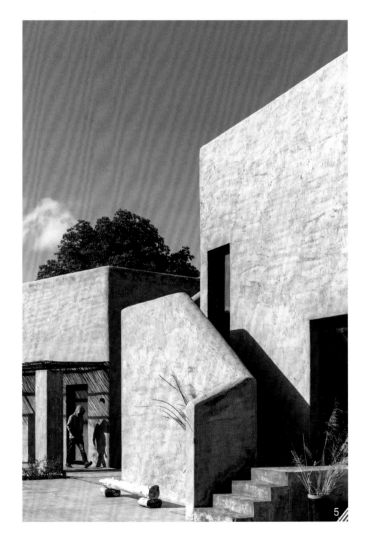

4

5

室内空间设计

　　室内空间的设计中充分地考虑了光的作用。"光即阴影"，室内极简的装饰和色彩都匿于空间的厚重之中，而光和阴影在墙壁和地面交响，构筑出光与场所的精神性，激发出人们强烈的情感共鸣。

4　苇秆檐廊
5　外墙运用了水泥砂浆抹泥的特殊工艺，以还原当地夯土墙的建筑肌理
6~8　玻璃墙朝向围合庭院，让室内和室外连接，光与阴影构筑出空间的厚重感

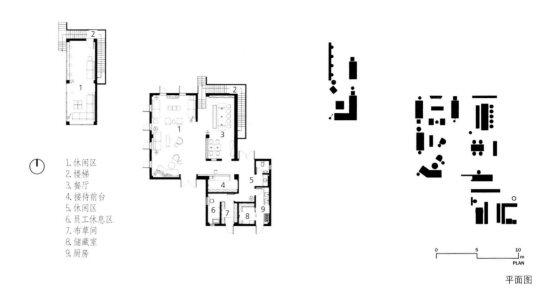

1. 休闲区
2. 楼梯
3. 餐厅
4. 接待前台
5. 休闲区
6. 员工休息区
7. 布草间
8. 储藏室
9. 厨房

0 5 10
m
PLAN

在亲子房的设计中，设计师认为，这样的空间既要满足孩子玩乐的自由度，又要解决成人居住的功能性。于是在夹层中打造了一个适宜孩子活动的娱乐空间，大人进入其中会略感不便，孩子却能在其中感受空间的乐趣。

9

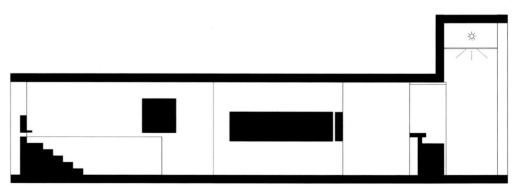

剖视图

项目建设的意义所在

    宁夏经济基础较为薄弱，但其旅游资源相对丰富，且颇具地域特色，因此旅游业成为带动当地经济发展的重要引擎。大乐之野中卫精品民宿的设计充分结合了当地的自然资源及建筑特色，希望游客们在入住的过程中可以更好地享受当地独特的自然风光，并且能获得舒适的住宿体验，助力西部地区的旅游业发展。

9 亲子房夹层
10 15 间客房，散布在这既开放又围合的院落空间里
11 建筑外观

大乐之野中卫精品民宿

来野莫干山民宿

隐匿在莫干山一隅的慢生活度假胜地

民宿所在地区位背景

  近年来，莫干山以其得天独厚的地理位置和优美的自然风光吸引了大量游客至此。这里山峦连绵起伏，是一个适合度假与避暑的优选之地。民宿，作为近几年来流行的休闲体验空间，也是文旅建筑的重要组成部分，不仅带来舒适的居住享受，同时也能将游客引领至美丽的风景中。此时，来野民宿正安静地隐匿在莫干山的一处，向远道而来的人们慢慢传达出生活的气息。

项目地点
浙江省湖州市德清县莫干山
项目面积
600 m²
设计公司
杭州时上建筑空间设计事务所
主持设计师
沈墨、张建勇
摄影师
叶松

1 立体建筑

2、3 建筑外立面

对民宿的全新定义

抛开对传统民宿固有的观念，主人希望民宿能够满足游泳池、酒吧、艺术空间等需求。由于原本空间的局限性，设计师沈墨和张建勇分析规划后，决定将整体建筑拆除，重新构造了一个新的现代化建筑。

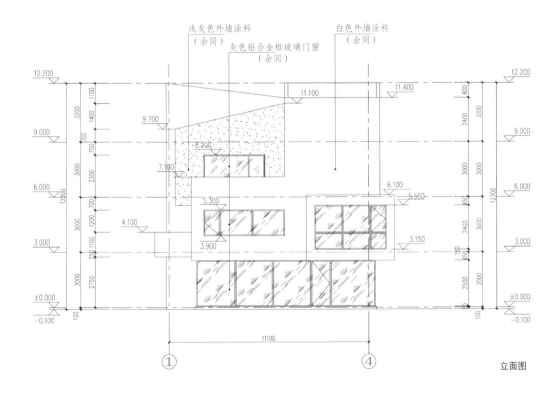

浅灰色外墙涂料
（余同）

白色外墙涂料
（余同）

灰色铝合金框玻璃门窗
（余同）

立面图

建筑设计灵感及手段

　　设计师们在设计方案时对"水中的一棵树"的概念进行了诠释与重组，让建筑像树一样自由生长，充满生命力，以此来回应莫干山美丽的风景。材质的选择与穿插构造的处理方式，使建筑在环境中变得纯粹又孑然独立，消除了周边环境带来的影响。建筑设计手法受国际建筑大师勒·柯布西耶（Le Corbusier）五大要素的启发：自由平面、自由立面、水平长窗、底层架空柱、屋顶花园。

　　不同于以往规矩的建筑设计，该项目将立面释放，通过体块的穿插让空间拥有多种可能，像是在森林中自由生长的树木。在建筑体块中开出一道道水平玻璃窗，能从各个角落望见窗外的风景，尽最大可能与自然进行对话。

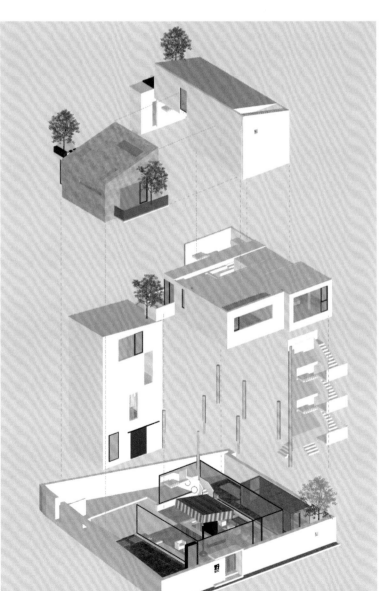

建筑分析图

4、5 游泳池局部
6 立体建筑
7 悬浮的建筑
8 汀步
9 大开窗设计

来野莫干山民宿

237

屋顶花园及厅内下沉空间设计

在建筑的每层屋顶局部，天然生长出植物，色彩跳脱的框架在纯白色外墙的映衬下显得生机与灵动，不时与倒映在墙上的树影相应，呈现出一幅别开生面、动静结合的自然景象。

10~12 从不同角度观察到的屋顶及阳台上生长的自然植物
13、14 下沉客厅与游泳池

　　厅内下沉的卡座与游泳池的水平线平齐，客人们可以在这里边品酒边与游泳池里的人们聊天，此刻空间的边界被消除，时间被放慢，只剩当下这分令人心驰神往的愉悦。整个庭院被水系包围，建筑就像是悬浮在水面中，从游泳池到汀步走道以及围墙中不断流动的瀑布，互相流通循环，设计师希望建筑能在水中无限生长，被赋予生命与自然的力量。

室内空间设计

　　步入室内，一层公共空间做了下沉处理，底层架空，通过柱子进行支撑让墙体解放，空间瞬间变得通透、宽敞。四周大开窗的玻璃设计将景色引入室内，以景寓情，充满了自然斑斓的色彩。

　　将吧台放置在公共空间的中心，空间因此呈回形，动线被巧妙地规划，人们得以自由穿梭其中。顶部的造型做成了斜切状，内里蜂窝状镂空格子不仅能够隐藏灯的痕迹，也为空间增添了丰富的自然形态。

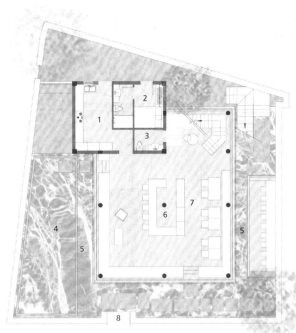

1. 厨房
2. 休息室
3. 卫生间
4. 游泳池
5. 水系
6. 前台西厨操作区
7. 就餐派对区
8. 入口

一层平面图

15~18 位于一层的客厅
19、20 楼梯造型

楼梯间的设计充满着亮点与惊喜，圆形的白色装置具象了果实下落的轨迹，有着画家马塞尔·杜尚（Marcel Duchamp）《下楼梯的裸女》中的构成感，空间的艺术性与现代性在此得到体现。同时在连通一层至顶层的空间中，将墙面留空并且做了挖空设计，以便作为一个小型的艺术展览空间，传达出趣味生活与热爱艺术的理念。

天窗的开设能够将室外
的蓝天与阳光随时引入室内,
光线的移动使室内呈现出明
与暗的相互交织,给人带来
神秘感与惊喜感。

房间的设计中都暗藏着
自然的生命意象,山洞、鸟巢、
展开的羽翼等元素,仿佛此
刻栖息在森林中,多了一分
奇妙的体验。建筑整体采用
暖白色的灯光与杏色做搭配,
简洁而自然。衣柜使用通透
的茶色玻璃设计,为空间增
添了色彩与朦胧感。在落地
玻璃窗边放置榻榻米座椅,
可以品茶观景,十分惬意。
床边的鸟翼造型墙体将空间
的功能区划分开来,延伸了
空间感。

1.标间
2.卫生间
3.过道
4.阳台
5.布草间
6.大床房

二层平面图

21、22 客房

1.大床房
2.卫生间
3.休息室
4.过道
5.阳台
6.亲子房

三层平面图

设计师将亲子房设计成了一片"白色森林"，当阳光照射时，一道道光影展现出来。墙面上的攀爬装置以及地上的小帐篷为孩子增加了玩乐的体验，充满着童趣。顶层房间中，墙面涂着艺术涂料，模拟洞穴中岩石的肌理。一扇几何形天窗拉近室外的蓝天白云，使人仿佛置身于野外，享受无尽的野趣。

1.阁楼房
2.卫生间
3.花园
4.过道
5.阳台

四层平面图

项目建设的意义所在

　　来野，是一种生活态度，放下包袱，微笑面对世俗的目光；来野，是一种生活方式，放慢脚步，感受生活本来的样子；来野，是一种生活品质，放弃苟且，寻觅自己的诗和远方。一起来野，生活才会更有趣儿！

25

言海民宿

与海对话的民宿，倾听海的声音

项目所在地区位环境

    曾厝垵位于厦门的东南部，这里原本是个临海的村庄，被称为"最文艺的渔村"，集原始的自然与人文景观为一体。言海民宿的名字是从地理位置谐音而来的——沿海，在这里可以直接眺望大海，与海对话。

扫码观看项目视频

项目地点
福建省厦门市
项目面积
800 m²
设计公司
杭州时上建筑空间设计事务所
主持设计师
沈墨、林奇蕃
施工团队
邹子帆
摄影
叶松、瀚默视觉
摄像
瀚默视觉

1

1 夜幕下的星空游泳池和建筑

形态演变 - - - - →

建筑形态演变过程

建筑外观设计灵感来源及空间区位划分

改造前的言海原本是一间村民的房屋,设计师把建筑拟化成海岸边的一块礁石,将斜切面的元素沿用至空间的每一处细节中。打破建筑传统四方的概念,在拥有功能性的基础上能够与自然相结合,显得独具一格。设计师重新进行了区位划分,在拥有着12间客房的同时还有活动草坪、篝火派对区、餐厅以及星空游泳池。

2 建筑外观局部
3 建筑入口及外观
4 庭院里的休闲区
5 一楼大厅

从室外步入室内的直观感受

  一进入庭院，就能看到转角处的休息区种植着仙人掌等热带植物，粗犷的陶罐与米色涂料搭配让人不自觉地产生了仿若在沙滩上度假的感受。另一处则是一片草坪派对区，为各种室外活动提供了合适的场地。

  进入一层大厅，通往楼上的木质楼梯像是悬浮在空间中，犹如一个艺术装置。公共区域与餐厅相结合，透过落地玻璃可以看到星空游泳池的全景。

设计精髓：把海搬进空间

　　设计师希望客人可以从房间中直接跃入水中，时刻能与大海进行互动。因此，他们在两幢客房间建造了一个星空游泳池，呼应了"海天一色"的概念。夜晚的游泳池水底洒满点点星光，观一部电影、品一杯美酒，客人们可以尽情享受夏夜的浪漫。

　　在空间配色上，设计师提取出热带地区的特色水果——椰子，将其果肉与果壳的色调融入空间中，选用米色涂料与木材做搭配，呈现出明媚温暖的质感。

6、7　夜幕下的星空游泳池和建筑
8~10　亲子房内部空间

亲子房中的结构形态各异，充满着趣味性，配上滑梯与镂空墙，整个空间就是一个游玩的天地。考虑到实用性，圆形的弧度能够最大限度地保障孩子在玩乐时的安全问题。走出室外，即刻享受与自然的互动。

8

9

10

言海民宿

251

1. 客房
2. 取景区
3. 浅水池

四层平面图

1. 楼梯间
2. 布草间
3. 卡座
4. 客房（26m²）
5. 客房（28m²）

三层平面图

1. 楼梯间
2. 客房（23m²）
3. 客房（25m²）

二层平面图

1. 员工房　　5. 餐厅
2. 厨房　　　6. 卫生间（12m²）
3. 公共卫生间　7. 客房（24m²）
4. 接待处

一层平面图

与海有关的客房

　　言海民宿共有 12 间客房，大海的元素在房间内随处可见，空间与自然和谐共生。套房内独立的院子与泡池很好地隔绝了外在环境的干扰，让客人可以享受极致的私人度假感。另一间套房与游泳池相连，也有一个独立的院落，原生的天然石头与树木在空间中形成新的碰撞，在这里可以享受片刻宁静。

　　二层的客房配有独立的阳台，以穿透海底的光线为设计灵感，分别使用圆形与长条形的造型作为屋檐，最大程度地让阳光洒满空间的角落。每间客房都配有浴缸，素雅的床品配饰为空间进一步增加了调性。

　　走上三层的客房可以看到不远处的海景，倾斜在空间中的背景墙提取了浪花的设计灵感，颇具动感。大落地玻璃窗的设计将自然引入室内，能够调动起人们所有的感官。为了能与海更加接近，设计师建造了一个"走出去的阳台"。人与海对话，一切都融入自然风景中。

项目建造的意义所在

　　繁忙的都市生活带给人们很多无形的压力，人们接触自然的时间也变得越来越少。设计师希望疲于奔忙的人们可以在言海民宿中找回自我，通过与海的对话放松身心，感受大自然带来的愉悦。

言海民宿

VISAYA 意境唯美酒店

在竹林山景中享受唯美的栖居意境

项目所在区位的自然景观特色

　　项目位于莫干山的横岭村，这里有着一片片的竹林，连绵起伏的山峦一眼望不到边，当微风
拂起，竹林犹如一片绿色的海洋，令人心驰神往。

项目地点
浙江省湖州市德清县莫干山横岭村
项目规模
2500 m²
建筑面积
800 m²
设计公司
杭州时上建筑空间设计事务所
主持设计师
沈墨、陶建浦
设计团队
李嘉丽、宋丹丽、张入心
摄影师
叶松

1 亲子阁楼

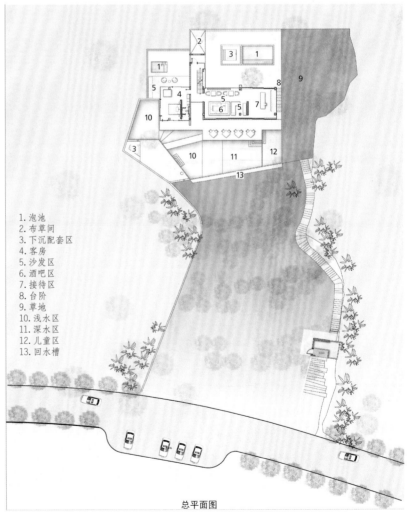

纯白色的建筑与周边环境协调共存

　　VISAYA 意境唯美酒店建于这片自然风景中，通体白色的建筑显得十分纯粹与独立。由于建筑建在山坡处，设计师沈墨因地制宜地铺设出一条通往高处的阶梯走道，要进入建筑则需要先经过一个入户"盒子"，用仪式感来迎接客人，拾级而上通往目的地。

　　为了将周边环境利用到极致，设计师使用了大面积的落地玻璃，让窗外的自然景观与室内空间融为一体。整幢建筑犹如一个向大自然开放的空间，满足了人们对自然与纯粹的向往。

1. 泡池
2. 布草间
3. 下沉配套区
4. 客房
5. 沙发区
6. 酒吧区
7. 接待区
8. 台阶
9. 草地
10. 浅水区
11. 深水区
12. 儿童区
13. 回水槽

总平面图

游泳池与酒窖设计

在 VISAYA，现代的生活方式渗入了每一个细节中。无边游泳池正对着远处的山脉，可将美景尽收眼底。设计师通过区域的划分对游泳池做了功能分区，满足了不同的需求。微风拂动，蓝色的水面在阳光下波光粼粼，静谧且灵动。

在游泳池的另一边，设计师打造出了一个地下酒窖，砖块堆砌的内部空间呈现出山洞般的景象，这里被用来收藏各种珍贵的酒品。

VISAYA 意境唯美酒店

室内空间设计

一层的客厅区域采用两边打通的方式将游泳池与户外篝火休息区相连接，从而让空间最大化地敞开，将前台、酒吧区、沙发休息区、影音区进行动静分区，保证了每个空间的独立性。人们穿梭其中，能够放松下来尽情开展派对活动。室外的篝火休闲区旁边设有温泉泡池，冬天可以在此感受温暖与放松。

VISAYA 共有 7 个房间，为了达到"每个房间都是一个独立空间"的效果，设计师将建筑分成了 3 个体块。将建筑拉长使视野变得更加开阔，同时也能够保证房间互不打扰，保证其隐私性。每个房间都能全方位地感受到周围的自然景观融入室内，人在其中，犹如睡在大自然中，充分享受自然中的生活哲学。

为了让住客感受到"打开门便能跃入游泳池"的新鲜体验感，一层的客房将户外与室内连通，房间被水面环绕，并且带有私人庭院与温泉泡池，能够感受更独立的私人度假空间。

位于二层的两个房间均为 Loft 形式，不仅可以看到夜晚的星空，还能体验滑滑梯的乐趣，在大自然中嬉戏，享受简单的自在感。

客房在设计中将柱子做了内退处理，与拐角玻璃相衔接，让自然映入房间的每一个角落。床与浴缸离窗仅有一步之遥，更加拉近了人与自然的距离。

地下室拥有餐厅、会议区、厨房以及烘焙区，设计师在墙体开出一个长条形窗口，方便光线透过水的折射洒入室内，让空间变得更加明亮、开阔。

1. 卫生间洗浴区
2. 洗衣房
3. 布草间
4. 餐厅
5. 烘焙区
6. 储藏间
7. 厨房
8. 值班休息室
9. 设备间

地下餐厅平面图

1. 泡池
2. 布草间
3. 下沉配套区
4. 客房
5. 沙发区
6. 酒吧区
7. 接待区
8. 台阶
9. 浅水区
10. 深水区
11. 儿童区
12. 回水槽

一层平面图

1. 客房
2. 公共楼梯
3. 走道
4. 露台

二层平面图

7 地下餐厅
8 二层客房
9 滑梯亲子房
10 建筑夜景
11 建筑及周边环境

项目建设的意义所在

　　VISAYA 是对眼之所见和耳之所闻的思索，是外界物象在人脑思维中的反射，也是人的思维对外在物象的投射。设计师希望通过设计来治愈生活，让人们可以在这样一个极简的空间中感受时间的静止，享受唯美的意境。

1. 客房
2. 公共楼梯
3. 走道
4. 露台

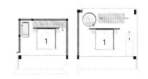

1.Loft 客房

三层平面图　　　　　　　　　　　　　　阁楼平面图

觅度杉里民宿

杉里看云，云里看山

项目所在地自然条件

　　莫干山连绵的竹海风景吸引着四面八方游客的到来，而在进入莫干山的必经之处，有这样一片小杉林，四时可赏，觅度杉里民宿就藏在这片秘境杉林之中。民宿业主希望在这样一片自然环境中，建筑能够尽可能地拥抱自然，呈现纯澈、透明的状态。设计师沈墨与陶建浦便以"杉里看云，云里看山"为主题，打造出了一座全新的民宿建筑。

项目地点
浙江省湖州市德清县莫干山
项目规模
3000 ㎡
建筑面积
1000 ㎡
设计公司
杭州时上建筑空间设计事务所
主持设计师
沈墨、陶建浦
设计团队
陈雪纯
摄影师
叶松

1 建筑概览

总体设计策略

设计师将底层架空，给予建筑通体白色，使其犹如一片洁白的云朵飘浮在空中，在周围植物的映衬下散发出神秘安静的气息。由于地理环境的限制，一面是山，一面是马路，为了减少周边环境的干扰，设计师因地制宜地改变了原本入口的位置，将靠马路的一侧改为过道，开出了一条长长的艺术走廊，在能欣赏到周围景观的同时也能保持建筑的独立性。

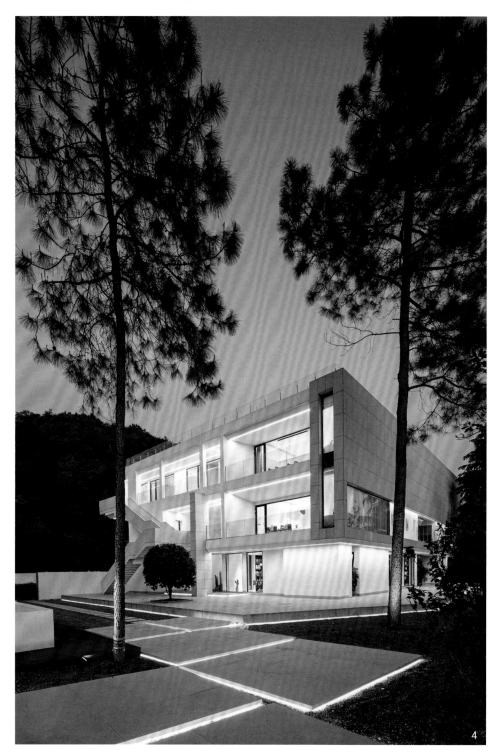

整体建筑解构呈 L 形，仿佛环绕着山林，自然景观便最大程度地呈现在眼前，使人们能够近距离拥抱大自然。碧绿的游泳池让山与水相呼应，呈现出最自然、最美的状态。游泳池旁能够通往地下室，地下室设有酒吧。通过交错铺设的汀步走道来到庭院处，这里特别设置了篝火派对区，白色立体墙面为空间增加了亮点，在夜晚灯光的映衬下显得富有造型感。若想在觅度杉里民宿开一场草地野餐派对，住客可以选择包栋来体验居住在大自然中的乐趣。

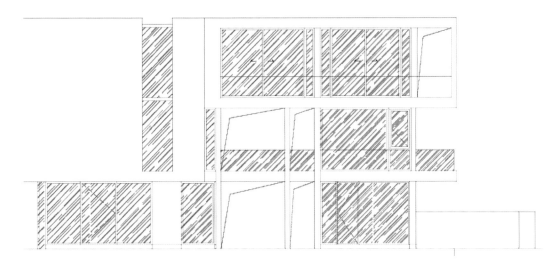

建筑立面图

5

觅度杉里民宿

室内设计

步入室内，一层客厅采用全敞开式设计，270°落地窗能够让杉林景观映入室内。公共空间同时设有书吧与卡座，能够满足不同人群休闲娱乐的需求。充满力量感的楼梯将建筑相连，顶部的圆形天窗让光线照亮整个楼梯，抬头便可以将视线延伸到天空中，增加了空间感与互动性。光影随着植物的律动照进艺术长廊，充满了生机与自然感。光通过开口的圆形天窗照入室内，光与影的交错，仿佛在与自然对话。

设计师希望每间房都能映出室外的风景，因此，卧室同客厅一样采用了270°落地玻璃窗设计，这种设计使整个空间变得通透纯净。设计师将浴缸摆放在窗边，与山景进一步接触，让客人能够更好地放松下来，享受此时此刻的乐趣。圆拱造型的门框内放置浴缸，使沐浴更具仪式感，住客能在此享受安静且不被打扰的私人时间。

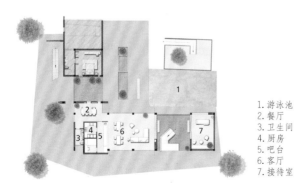

1.游泳池
2.餐厅
3.卫生间
4.厨房
5.吧台
6.客厅
7.接待室

场地平面图

1.游泳池
2.餐厅
3.卫生间
4.厨房
5.吧台
6.客厅
7.接待室

一层平面图

6 透过客房的落地窗看向室外
7 一层公共空间
8 一层客厅
9 摆放在落地窗旁的浴缸
10 光线透过圆形天窗照进客房

项目建设的意义所在

觅度杉里民宿在一定程度上代表着一种回归自然的生活态度，从城市到家的距离，也是人们逐渐回归清晰平静的过程。设计师们希望那些想要逃离纷繁都市的人们，可以在此寻觅一处秘境，度一日杉林时光。

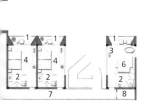

1. 阳台
2. 卫生间
3. 冰箱
4. 卧室
5. SPA 区
6. 客房
7. 过道
8. 布草间

二层平面图

1. 卫生间
2. SPA 区
3. 冰箱
4. 阳台
5. 客房
6. 过道
7. 衣帽间
8. 布草间

三层平面图

沂蒙·云舍

山脚下的空间漫游

项目区位背景及场地特征

    项目位于山东省沂蒙山区，距 5A 级云蒙景区入口约 1km，场地南侧即是通向云蒙景区的必经之道。云蒙山峰峦叠翠，常年云雾缭绕，景区门外是非常典型的沿道路展开的北方村落建筑群，项目即坐落其中。沂蒙·云舍总建筑面积约 1233 m²，共计两层，是一幢拥有 19 间客房的民宿建筑。

扫码观看项目视频

项目地点
山东省临沂市蒙阴县
占地面积
1406 ㎡
建筑面积
1233 ㎡
设计公司
灰空间建筑事务所
主持设计师
刘漠烟、苏鹏
设计团队
应世蛟、琚安琪、赵柏乔、
武星、叶官欣、张凯
结构顾问
黄希
建筑构造顾问
李合生
机电设计
芮文工程设计（上海）事务所
施工
山东朴筑装饰工程有限公司
摄影
吴鉴泉（Sensor 见闻影像）、朱恩龙
摄像
姜凯文（Sensor 见闻影像）

1 西高东低的外部道路

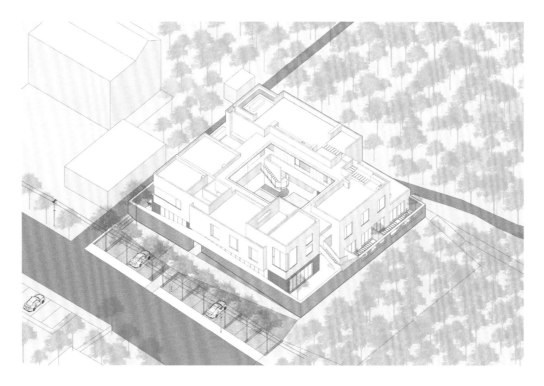

轴测图

项目用地东西长约40m，南北进深32m。内部平整，外部道路西高东低，存在约1.6m的高差。场地内原有一所小学，在村小合并的历程中被废弃。新建筑依照原址小学的轮廓设计，也保留了原建筑内院外廊式的空间特征及材料的拼贴方法。

2 云蒙山脚下的村落
3 沂蒙·云舍

设计要素：云

　　因项目靠近云蒙景区的特殊地理位置，设计师在设计之初即与投资运营方探讨，将设计任务定义为一个"命题作文"——以"云"作为整体意象，贯穿从建筑设计到室内硬装、软装设计，直至运营的全过程。

　　"云"这一意象可以引发多重联想，从抽象到具体，设计师希望通过以下几个层次表达这一意象——漫游式空间架构、模糊的边界、形体的"轻"与"重"以及材料的象征。

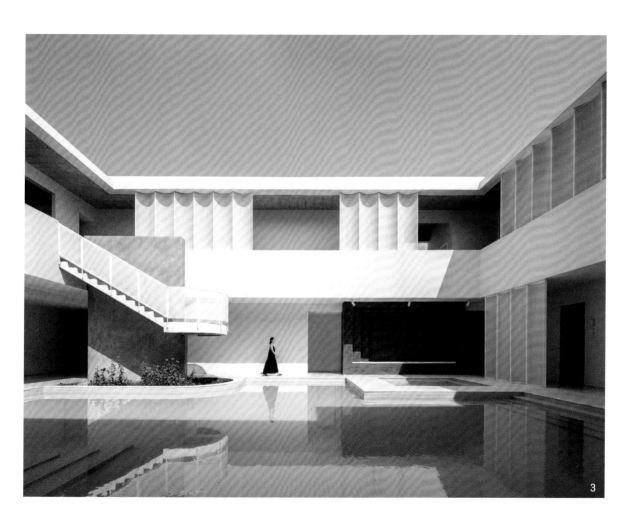

3

漫游体验空间示意

漫游式空间架构

　　在建筑中，内院式的布局形成沿内圈行走的捷径，而沿着东南西北各向的开口及开口内部通向各个标高的楼梯则延展了路径的维度，并最终形成场地内通达而可无目的漫游的路径。

　　交通流线连接了多个位于不同标高的空间，包括位于院落中央的水池区、入口上方的天井回廊、建筑东侧的休息平台、北侧的户外餐厅，以及屋顶上高低错落的观景露台。这是一系列串接在无预设路径上的空间，希望使用者在体验中逐渐发现。

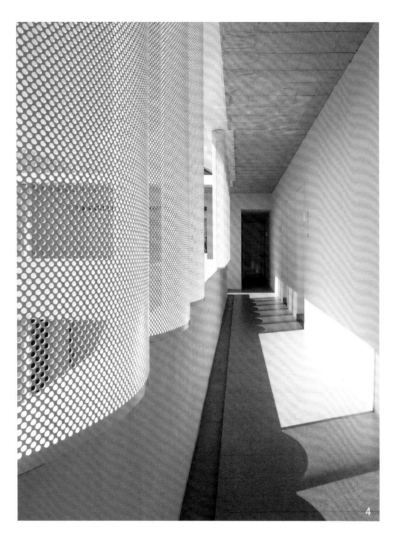

形体的"轻"与"重"

建筑沿街外立面上，略低于二层层高线上的一条明确的水平分割线将建筑体量分为上下两个部分。分割线以上为表达"轻"的白色体量，其以下则是没有开窗，仅设一个出入口的连续长墙。墙面质感粗糙，颜色暗淡，与上方白色的建筑体量对比形成了视角感受上的"重"。这条水平分割线也是对外部场地沿道路细微落差的回应，以修正入口广场因为高差在视觉上带来的偏差。

模糊的边界

从村落肌理及场地分析得到的平面矩形建筑外轮廓形成了规整的外部界面，进而推得规整的内部边界。但在空间关系上，设计通过打断边界以及面对不同朝向的不同剖面关系的处理，将原有规整边界消除，最终形成模糊的空间边界。此边界的模糊地带为空间多样性提供了更多可能。

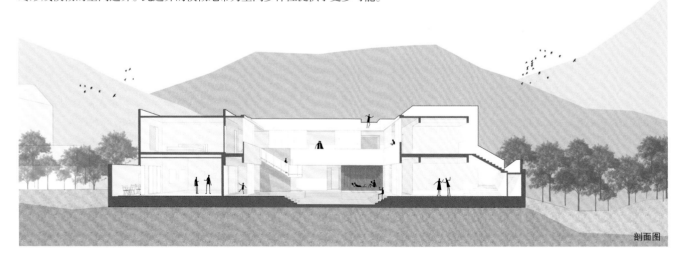

剖面图

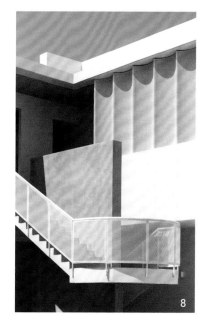

材料的象征

建筑共计两层，上部体量以白色涂料为主，下部辅以当地特产花岗岩及局部点缀的红砖。

内庭院、楼梯等连续可感知的交通流线上，设计以细密的弧形穿孔铝板形成了院落中如"云"一样轻的质感，而院落中浅蓝色的水池反射的天光进一步增强了这个意象。随机设置的弧形穿孔铝板遮挡部分公共空间及客房入口，用以模糊内院边界。

室内设计也延续这个意象，在公区餐厅设置云朵吊灯，吊灯上方设置弧形钢丝网格，客房区也以钢丝网构架作为家具的主要构型。室内除了原木色、白色之外，局部点缀克莱因蓝，用以拓展"云"这个意象的边界。

4 模糊的内院边界
5 建筑形体的轻重对比
6~8 材料细节
9 青年旅社客房室内

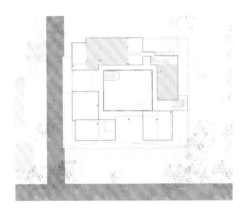

三层平面图

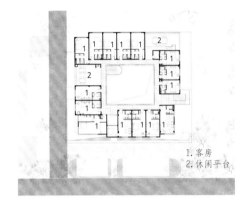

1. 客房
2. 休闲平台

二层平面图

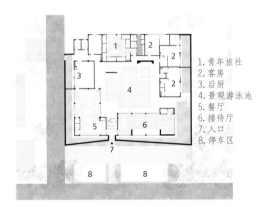

1. 青年旅社
2. 客房
3. 后厨
4. 景观游泳池
5. 餐厅
6. 接待厅
7. 入口
8. 停车区

一层平面图

10 青年旅社客房室内
11、12 接待厅室内
13 建筑内院漫游
14 朝向内院的洞口

项目建造的意义所在

    沂蒙·云舍的设计过程旨在尝试以某种具象的概念为出发点生成整个设计的思路。希望通过这样生成的空间体验能回应"场地"与"建筑"、"材料"与"形式"、"内"与"外"的关系。同时希望以民宿为纽带,吸引更多游人来到沂蒙山区做客,促进旅游业的发展,让更多人了解这里,为这片土地注入新的活力。

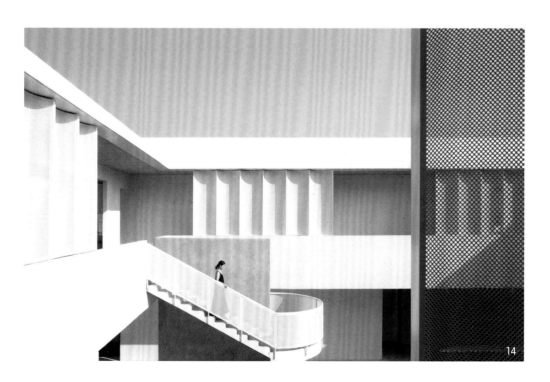

千墨民宿
稻田里的守望者

项目所在地区位特征及项目原状

    千墨民宿位于上海浦东川沙新镇，临近迪士尼度假区，周边建筑多为20世纪七八十年代所建，几经变迁，整个镇子呈现混乱与无序的状态。

    原场地门前巨大的稻田占据了整个视野，田边水杉的竖向线条与稻田所形成的几何感呈现出塞尚般的画面。建筑所占据的独特地理位置给这个场地提供了一个很好的景观支撑。

项目地点
上海浦东川沙新镇
项目面积
1200 m²
设计公司
偏离设计
主持设计师
小岛
设计团队
李钢、戚帅奇、徐俊彪
项目负责
杨帅
结构设计
介直设计工作室
灯光设计
上海博纵照明
摄影师
邵炜亮

1 建筑全景

2 建筑与室外用餐区
3 建筑由简洁的体块组成
4 简洁的黑色建筑立于稻田之上
5、6 从不同角度观察到的建筑体块

原建筑为四幢20世纪80年代的居民楼，砖体预制板结构，外加东西各一幢两层瓦房，原有的宅基地限定出了建筑的红线范围，也使整个建筑边界框定在了长条形的体积内。

设计构思

设计之初，设计师希望最终矗立在稻田尽头的不单单只是个民宿，而是带有某种精神性感知的建筑物，因此摒弃了传统民宿的固有概念，选用带有凝聚性力量的黑色作为建筑的主基调。极简的建筑形态与周边混乱的建筑肌理形成对立美学，以守望者的姿态出现在稻田尽头，给居者带来一种全新的日常体验。

项目周边地形图

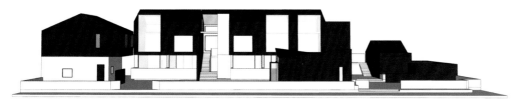

模型分析图

思维逻辑

　　考虑到原有建筑结构的脆弱性和混乱的表皮肌理，设计师决定从建造这一思考逻辑出发，对建筑进行由结构至形体的整体改建。强化结构保证建筑稳定性、简化形体，以回应眼前的这片稻田。

不同空间建造要素

作为主体的长条形建筑体，在 4m×9m 的开间模度下，强化地基，增加钢筋混凝土立柱作为结构支撑，同时依据南北方位界定出辅助空间与使用空间两大区域，将房间按 4m 的柱间距模度在南面依次排开，给入住者提供最佳的景观支持。

餐厅部分沿用整体的黑色基调，在 8m×8m 的建筑红线内，利用对角拉出整个屋面的受力结构体，使整个屋面呈现悬浮感，斜面的处理也弱化了由于尺度限制所带来的空间局促感，在视觉上形成多维度的空间纵深感。

设计师将辅助空间作为整个建筑的通道路径，串联起各个功能区，受制于场地条件，通道呈现狭长的形态。设计上以纯白色柔和光线不足带来的幽闭感，二层部分使用了挑高处理，增加空间的层次。顶面狭长的天窗将自然光线引入通道，给行走的路径带来一分不确定的惊喜。

客房作为主体的住宿空间，采用模块化设计方式，在节约成本的同时方便施工管理，17个房间共分为五个模块，用极简的手法与建筑形成统一关系。

1. 客房 E
2. 客房 F

0 1 2   4m

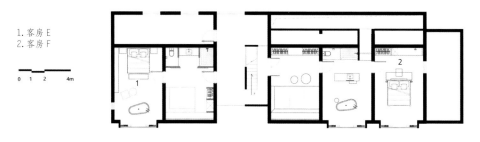

三层平面图

1. 榻榻米双床卧室 I
2. 榻榻米双床卧室 J
3. 客房 C
4. 客房 D
5. 消毒室

0 1 2   4m

二层平面图

1. 主入口
2. 次入口
3. 接待前台
4. 餐厅
5. 露天餐厅
6. 庭院套房 G
7. 客房 A
8. 客房 B
9. 榻榻米双床卧室 H
10. 洗衣房
11. 公共休息区

0 2 4   8m

一层平面图

13 建筑外立面

项目建设的意义所在

　　千墨民宿从外观到室内均为极简风格的设计，色彩使用简单明快，在混乱无序的小镇中创造出一种独特的秩序感，同时也为游客提供了优质的住宿空间。

风吟谷民宿

小隐于野，意境天然

项目所在区位背景

    项目所在地桐木村地处丘陵地带，以低山丘陵为主，东、南、北三面环山，中部是较为开阔的平地。该村生态环境建设较好，森林覆盖率达58%，山林绿视率达85%，区位条件优越，交通便捷，距莲花镇中心2.5km。建筑的原始状态是20世纪七八十年代的旧石灰厂房，因常年废弃，早已杂草遍布。本案业主向往自由、热爱生活，在谈及民宿的改造理念时，与尺镀设计团队一拍即合，给予了设计团队充分的发挥空间。

项目地点
湖南省长沙市岳麓区莲花镇桐木村
项目面积
1600 m²
景观设计
长沙理工大学 周晨教授团队
建筑及室内设计
湖南农业大学 郭春蓉
场景氛围设计
湖南尺镀美学装饰工程设计有限公司
摄影
南图摄影、朱超

1 建筑全景

项目改造策略

在设计之中，使项目既拥有自身的特点，又能够做到不动声色地融合环境，这是一个设计师对项目的最大尊重。因此尺镀设计团队改造的策略为：尊重原场地环境，疏通原场地交通关系，使用原生态材料，营造质朴且具备品质感的居住空间。

庭院里矗立着一棵高大的樟树，树干挺拔，枝叶葱茏，而一侧素白的帷幔微微飘动，空间被自然地隔开，通透之余又不乏私密感。最少的设计与干预，在静谧的场地留下一方内向空间，让行走的旅者，在走向内心深处之时，停下来，感受内心最细腻的地方。

建筑的一侧是一个斜角，其余部分则方正规整。考虑到整体设计的美感与平衡感，设计团队在建筑斜角的对侧增设了一个与之平行的墙体作为入口，而新增入口与场地的景观设计、交通流线环环相扣。当旅人沿小径慢慢走近风吟谷民宿，先是沿途的风景小扣心扉，而微斜的入口设计给予了空间一种神秘感，吸引着人进入。

总体轴测图

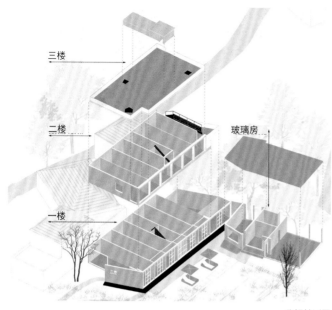

三楼

二楼

玻璃房

一楼

分解轴测图

2 庭院景观
3 建筑入口
4 透过玻璃窗可以欣赏到山野风光
5 客房小庭院

项目改造后所呈现出的效果

改造后的风吟谷民宿，与以往的模样大不相同。简单的木色，素白的墙面，大片的落地窗在阳光下泛着温暖的色彩，使空间在视觉上更具穿透性与连贯性。身处室内，可观绿野阑珊，晨昏雾霭，听雨亲吻草地的轻响，让心慢慢静下来。凝视着远方，仿佛感受到了时间的温度，熨帖而温暖。这种开放又与院外相隔的设计，保障了内部空间的私密性，同时也是对传统民居内向性审美的一种延续与激活。开阔的空间与视野能为住宿者提供更舒适的空间感受。原建筑内部结构虽方正规整，但内部隔墙较多，将空间分割成若干个小空间，使得建筑少了开阔之感。基于这一点，设计团队将内部重复的隔墙去除，使空间的进深增加。

风吟谷民宿的一楼客房便充分利用了空间进深，每一间客房均拥有小小院落，使住宿者产生宿中宿的空间感受，仿佛自己在风吟谷民宿中拥有自己的一个安居之院，增加了入住体验的层次性和丰富性。沿楼梯拾级而上，是一个视野极佳的观景平台。在这里，可以触碰到树木葱郁的枝叶。这种低调、朴素的美，表现在地面与围栏的色彩搭配，协同休闲桌椅，一切浑然天成。好友聚谈，或是取景留念，这里都是最佳的选择。

6 大厅
7 餐厅一角
8 二层 VIP 套房
9 建筑与自然融合

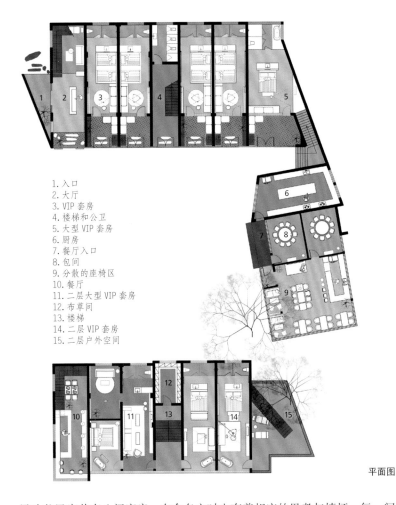

1. 入口
2. 大厅
3. VIP 套房
4. 楼梯和公卫
5. 大型 VIP 套房
6. 厨房
7. 餐厅入口
8. 包间
9. 分散的座椅区
10. 餐厅
11. 二层大型 VIP 套房
12. 布草间
13. 楼梯
14. 二层 VIP 套房
15. 二层户外空间

平面图

　　从室外到室内,极简、质朴的设计风格一直延续其间。没有多余的装饰,空间中砖砌而成的坐台与层板,自然而协调。既有原作之物,自然也有外采物件,它们有着各自的特性、功用与气质,但也共同拥有着淡雅从容的色彩,方能互相包容,在民宿空间里互相陪伴,细数时光。为了呈现纯粹的山野美景,给居者提供一个远离喧嚣、休憩心灵的平和之地,建筑立面被充分释放出来,远近景致尽收眼底。

　　美景与美食,是旅行之中必不可少的元素。除却住宿外,风吟谷民宿也适配了餐饮空间。与客房大面积素白的墙面相比,餐厅则更注重朴质与生态之美,毕竟,乡野之味需要停留细品。原木与水泥等室外材料延伸进来,以玻璃幕墙围合,可以在品尝美味的同时,将自然风光尽收眼底。由于近水的缘故,餐厅仿佛悬浮在水面上。透过窗,可以看到沿河两岸连山皆深碧一色。静水流深,心灵也随之开阔,将杂事繁物抛却,享受当下的愉悦时光。

　　风吟谷民宿共有八间客房,在命名之时也有着相应的思考与情怀,每一间房都是用心之作,便以“心”作部首来命名,有着诸如愈、悠、恋等客房名称。每间房都是心上之物,业主希望把最好的呈现给客人,也希望住宿者不吝惜物之情。

项目建设的意义所在

　　整个空间设计满溢着"野"生趣味，与自然环境相辅相成。在这里，人文与自然天衣无缝地衔接起来，给予住宿者一种心灵上的释放与关怀。

设计单位名录